FORSCHUNGSBERICHTE DES LANDES NORDRHEIN-WESTFALEN

Nr. 2885/Fachgruppe Hüttenwesen/Werkstoffkunde

Herausgegeben vom Minister für Wissenschaft und Forschung

Dr.-Ing. Helmut Huber
Ing. (grad.) Uwe Volker Münz
Institut für Werkzeugforschung, Remscheid
im Auftrage des Vereins zur Förderung von Forschungs- und Entwicklungsarbeiten
in der Werkzeugindustrie e. V., Remscheid

Untersuchung über den Einfluß der Anlaßzeit auf die Härte und Festigkeit von Kreissägeblättern für Holz und Schmelzsägeblättern für Stahl

Westdeutscher Verlag 1979

CIP-Kurztitelaufnahme der Deutschen Bibliothek

Huber, Helmut:
Untersuchung über den Einfluss der Anlasszeit auf die Härte und Festigkeit von Kreissägeblättern für Holz und Schmelzsägeblättern für Stahl / Helmut Huber ; Uwe Volker Münz. Im Auftr. d. Vereins zur Förderung von Forschungs- u. Entwicklungsarbeiten in d. Werkzeugindustrie e.V., Remscheid. - Opladen : Westdeutscher Verlag, 1979.

(Forschungsberichte des Landes Nordrhein-Westfalen ; Nr. 2885 : Fachgruppe Hüttenwesen, Werkstoffkunde)
ISBN-13: 978-3-531-02885-9 e-ISBN-13: 978-3-322-87660-7
DOI: 10.1007/978-3-322-87660-7

NE: Münz, Uwe Volker:

Gesamtherstellung: Westdeutscher Verlag

ISBN-13: 978-3-531-02885-9

Inhaltsverzeichnis

Zusammenstellung der verwendeten Kurzzeichen

b_B	mm	Breite der Biegeprobe
c		werkstoffabhängige Konstante
c	kcal/kg°C	spezifische Wärme
f_B	mm	Durchbiegung beim Bruch
f_e	mm	Durchbiegung bei der Elastizitätsgrenze
g	kg/m^2	Einsatzgewicht/Heizfläche
h_B	mm	Höhe der Biegeprobe
l_B	mm	Auflageabstand der Biegeprobe
n		Beiwert
P		Vergleichsparameter
P_{max}	N	Druckkraft
R_t	µm	Rauhtiefe
T	K	Anlaßtemperatur
t	s	Anlaßzeit
T_A	°C	Härtetemperatur
W_B	mm^3	Widerstandsmoment
α	$kcal/m^2h°C$	Wärmeübergangszahl
Φ	N/mm^2	korrigierte Biegefestigkeit
θ_o	°C	Ofen-, Heizgastemperatur
θ_{wa}	°C	Anfangstemperatur des Wärmegutes
θ_{we}	°C	Endtemperatur des Wärmegutes
$\delta\theta_w$	°C	Temperaturunterschied im Wärmegut
λ	kcal/mh°C	Wärmeleitzahl
σ_B	N/mm^2	Biegefestigkeit
τ		Beiwert

1. Stand der Technik

Die Wärmebehandlung von Kreissägeblättern, die für die Bearbeitung von Holz und Holzwerkstoffen sowie im Schmelzschnitt für Stahl eingesetzt werden, besteht üblicherweise aus zwei getrennten Vorgängen: Aus dem Härten und dem Anlassen auf den am Fertigprodukt gewünschten Härtewert. Die Erwärmung auf Härtetemperatur erfolgt im allgemeinen in öl- oder gasbeheizten Durchlauf- oder Kammeröfen, vereinzelt auch in Drehherdöfen. Nach Ablauf der erforderlichen Haltezeit werden die Werkzeuge einzeln in kreisförmige, planparallele Spannbacken eingelegt, sog. "Quetten" (Bild 1), und unter Druck stehend in einem Ölbad abgeschreckt. Nur so kann vermieden werden, daß sich die Sägen unverhältnismäßig stark verziehen und kostenintensive Richtarbeit erforderlich wird (1-3).

Aus dem gleichen Grund werden die Werkzeuge auch in vorgespanntem Zustand angelassen. Dazu werden die Sägen durch Bolzen in Paketen verschiedener Größe verschraubt (Bild 2) und in Topf- oder Kammeröfen, die meistens elektrisch, weniger oft mit Öl oder Gas beheizt werden, auf die je nach gewünschter Härte erforderliche Temperatur gebracht.

Durchlauföfen sind wegen des auftretenden starken Verzuges der Werkzeuge für diesen Arbeitsgang ungeeignet.

Die Größe der Pakete richtet sich nach den durchzusetzenden Stückzahlen sowie den Abmessungen der Werkzeuge. Da beide Werte über einen längeren Zeitraum betrachtet stark schwanken können, müssen die benutzten Öfen in ihren Maßen so ausgelegt sein, daß sie möglichst universell und variabel eingesetzt werden können, d.h., daß die Masse der zu behandelnden Werkzeuge entsprechend unterschiedlich sein kann.

Aus wirtschaftlichen Gründen wird jeder Betrieb bestrebt sein, in ein und derselben Ofencharge möglichst viele Teile anzulassen.

2. Problemstellung

Sowohl Kreissägen für Holz und Holzwerkstoffe als auch Schmelzsägeblätter für Stahl sind kräftemäßig sehr hoch beanspruchte Werkzeuge, die ein recht ungünstiges Verhältnis von Durchmesser zu Dicke besitzen; ein einwandfreies Arbeitsverhalten unter den jeweiligen Einsatzbedingungen ist jedoch wichtig für die Güte der erzeugten Schnittfläche. Darüberhinaus muß stets sichergestellt sein, daß kein Werkzeugbruch auftritt.

Neben der Geometrie der Zähne, den Maßen und der Ausführung der Werkzeuge sowie ihrem Vorspannungszustand sind die mechanischen Eigenschaften des verwendeten Werkstoffes für ein einwandfreies Arbeitsverhalten von entscheidender Bedeutung. Dazu ist z.B. ein guter Reinheitsgrad des Stahles ebenso bedeutsam wie eine einwandfrei durchgeführte Wärmebehandlung.

Unter der Voraussetzung, daß beim Härten der Werkzeuge kein Fehler gemacht worden ist, sind Anlaßzeit und Anlaßdauer für eine optimale Gefügeausbildung des Endproduktes bei vorgegebener Härte von großer Wichtigkeit. Der Werkstoff muß überall eine ausreichend lange Zeit bei der entsprechenden Temperatur gehalten werden, damit der Anlaßvorgang an jeder Stelle der Werkzeuge gleichmäßig und vollständig ablaufen kann.

Über die Temperaturverteilung beim Anlassen von verspannten Kreissägen-Stapeln liegen bisher keine durch Versuche untermauerte Angaben vor. Die in der Praxis üblichen Anlaßzeiten beruhen auf rein empirisch gewonnenen Erfahrungen; sie sind in den einzelnen Betrieben recht unterschiedlich.

In der vorliegenden Aufgabe sollte einmal untersucht werden, welche minimalen und maximalen Anlaßzeiten bei konstanter Anlaßtemperatur für eine optimale Gefügeausbildung mit entsprechend guten mechanischen Eigenschaften angewandt werden müssen und zum anderen geprüft werden, welche Zeiten in verschiedenen Betrieben tatsächlich eingehalten werden.

3. Theoretische Grundlagen (4-12)

Reines Eisen besitzt bei Raumtemperatur ein kubisch raumzentriertes Kristallgitter; diese Phase wird als α-Eisen bezeichnet. Bei Erwärmung wandelt sich bei einer Temperatur von 911° C das kubisch raumzentrierte Gitter in ein kubisch flächenzentriertes Gitter um, es entsteht das γ-Eisen, auch "Austenit" genannt. Bei diesem Vorgang vergrößert sich die Gitterkonstante von $2{,}87 \cdot 10^{-10}$ m auf $3{,}65 \cdot 10^{-10}$ m; diese Umwandlung ist bei genügend langsamer Abkühlung reversibel.

Bei höherer Abkühlgeschwindigkeit und der Anwesenheit von Kohlenstoff im Gitter ändern sich die Verhältnisse entscheidend, da die Löslichkeit des Kohlenstoffes im α-Eisen - bei Raumtemperatur - wesentlich geringer ist als im γ-Eisen nach der Umwandlung: Sie beträgt im γ-Eisen max. 1,7%, im α-Eisen max. 0,018%. Diese Werte ändern sich in Abhängigkeit von der Temperatur gemäß den Linien HN bzw. PQ des Eisen-Kohlenstoff-Diagrammes.

Oberhalb einer bestimmten kritischen Abkühlgeschwindigkeit, bei der die Umwandlung von α- in γ-Eisen diffusionslos ausschließlich durch einen Umklappmechanismus des Kristallgitters erfolgt, bleibt der gesamte Kohlenstoff der γ-Phase auch in der α-Phase gelöst, da für eine Ausscheidung des Kohlenstoffes als Eisenkarbid (Fe_3C) nicht genügend Zeit zur Verfügung steht. Die gelösten Kohlenstoffatome weiten das Gitter des übersättigten α-Eisens tetragonal auf: So kann die c-Achse dieses sog. "Martensits" eine Gitterkonstante von $3{,}0 \cdot 10^{-10}$ m erreichen.

In diesem Zustand besitzen die meisten Stähle zwar ihre maximal erreichbare Härte, sie verhalten sich jedoch bei Belastung sehr spröde und gehen ohne nennenswerte Umformung zu Bruch.

Nach Erwärmung des Martensits, dem "Anlassen" des Stahles, ändern sich die Belastungseigenschaften deutlich, da nun die vorher verhinderten Ausscheidungsvorgänge mehr oder weniger vollständig ablaufen können. Eine gewisse Anlaßwirkung findet zwar auch bei Raumtemperatur statt, doch ist sie kaum feststellbar, da die dazu nötige Zeit sehr groß ist.

In der ersten Anlaßstufe scheidet sich bei ca. 100° C ein sehr feines Eisenkarbid aus, das als ε-Karbid bezeichnet wird und im Schliffbild kaum zu erkennen ist; die hohe Härte des Martensits sinkt nur geringfügig ab.

In der zweiten Anlaßstufe, die bei ca. 250° C liegt, setzt der Zerfall des Restaustenits ein. Denn je nach der Höhe des Kohlenstoffgehaltes, den vorliegenden Austenitisierungsbedingungen sowie der Art und Menge von beigefügten Legierungselementen enthält ein Stahl nach dem Abschrecken noch mehr oder weniger große Anteile von γ-Phase, Austenit, die nicht in Martensit umgewandelt worden sind. Bei ca. 250° C scheidet sich aus dem Restaustenit ε-Karbid aus, die γ-Phase wird dadurch instabil und wandelt sich nun je nach gelöstem Kohlenstoffgehalt in Ferrit oder Martensit um.

In der dritten Anlaßstufe, um 300° C, findet nun eine Umwandlung des ε-Karbides in das Eisenkarbid Fe_3C, den "Zementit" statt. Darüberhinaus erfolgt ein Einformen und Zusammenballen von Karbiden bei höheren Temperaturen.

In der vierten Anlaßstufe, über 400° C, können sich bei bestimmten legierten Stählen Sonderkarbide neu bilden, da dann bestimmte Elemente diffusionsfähig, d.h. "beweglich" geworden sind.

Der Zusatz von Legierungselementen übt also einen deutlichen Einfluß auf das Anlaßverhalten der Stähle aus: Dabei ändern sich weniger die für unlegierte Werkstoffe entwickelten Vorstellungen über den Ablauf der einzelnen Anlaßvorgänge; vielmehr entstehen Unterschiede in den Temperaturbereichen, in denen sich die einzelnen Mechanismen abspielen.

Die erste Anlaßstufe wird durch zugesetzte Legierungselemente am wenigsten berührt, da die Geschwindigkeit des Martensitzerfalls hauptsächlich vom Grad der Kohlenstoffübersättigung des Mischkristalles abhängt.

Im zweiten Stadium der Martensitauflösung können die Elemente Chrom, Molybdän, Wolfram, Titan, Vanadin das tetragonale Gitter bis zu hohen Temperaturen (ca. 450° C) erhalten, da sie der Koagulation der Karbide entgegenwirken. Die verzögerte Wirkung der Karbidbildner läßt sich auf deren Einfluß auf die Diffusionsgeschwindigkeit des Kohlenstoffes zurückführen. Die zweite Anlaßstufe wird dann also zu höheren Temperaturen hin verschoben.

Die Karbidumwandlungen in den letzten Anlaßstufen bei höheren Temperaturen verlaufen wie folgt (42):

$(Fe, Cr)_3\ C \longrightarrow (Fe, Cr)_3\ C + (Cr, Fe)_7 \longrightarrow (Cr, Fe)_7\ C_3$

$(Fe, Mo)_3\ C \longrightarrow (Fe, Mo)_3\ C + Mo_2C$

$(Fe, V)_3\ C \longrightarrow (Fe, V)_3\ C + (V, Fe)\ C \longrightarrow (V, Fe)\ C$

Für die Erscheinung der Sekundärhärtebildung (4. Anlaßstufe) können feindisperse Karbidausscheidungen verantwortlich sein, die sich bevorzugt in Bereichen mit hoher Versetzungdichte ausscheiden.

Da vor allem beim Anlassen von Werkzeugstählen diese hohen Temperaturen oft in der Praxis Anwendung finden, wird aus wirtschaftlichen Gründen häufig die Frage nach der Möglichkeit eines "Kurzzeitanlassens" gestellt; in wieweit die Zeitabhängigkeit der vorab beschriebenen Vorgänge dazu genügend genau eingeschätzt werden kann, ist an dieser Stelle nicht zu beantworten.

Die genannten Temperaturen stellen demnach reine Richtwerte dar: Je nach chemischer Zusammensetzung überschneiden sich einzelne Anlaßstufen oder sind bei abgeänderten Temperaturen mehr oder weniger stark ausgebildet.

Allen Anlaßvorgängen gemeinsam ist jedoch ihre Zeitabhängigkeit, da dabei stets Diffusionsvorgänge ablaufen, die je nach Temperatur eine bestimmte Zeit in Anspruch nehmen.

Für eine einwandfrei ablaufende Anlaßbehandlung nach dem Härten ist es also unbedingt erforderlich, daß das Werkstück an jeder Stelle eine bestimmte Zeit lang auf Temperatur verweilt.

Den überwiegenden Einfluß der Temperatur kann man zwar durch Veränderung der Zeit in gewissen Grenzen ersetzen, doch hängt dieser Austausch stark vom Stahltyp und seinem Gefügezustand nach der Wärmebehandlung ab.

4. Versuchsdurchführung

4.1 Werkstoffe (7,13)

Für sog. "CV"-Vollstahlkreissägeblätter zur Bearbeitung von Vollholz wird im allgemeinen der Stahl 80 CrV 2, Werkstoff-Nr. 1.2235, eingesetzt. Die Werkzeuge sollen gemäß DIN 8085 (14) eine Härte von 44 bis 50 HRC, gemäß DIN 5134 (15) eine Härte von 44 bis 52 HRC besitzen; üblich ist eine Härte um 48 HRC.

Das Stammblatt eines hartmetallbestückten Werkzeuges für die Bearbeitung von beschichteten oder unbeschichteten Spanplatten kann entweder aus dem vorgenannten Werkstoff 80 CrV 2, Werkstoff-Nr. 1.2235 oder dem Stahl 75 Cr 1, Werkstoff-Nr. 1.2003, gefertigt sein. Üblich dafür ist eine Härte von 42 HRC.

Trennsägen für Stahl sind in den meisten Fällen aus 73 WCrMoV 2 2, Werkstoff-Nr. 1.2604, hergestellt. Ihre Härtewerte schwanken je nach Abmessungen (Dicke) von 41 bis 47 HRC (16). Der Stahl 80 CrV 2 findet ebenfalls für Trennsägen Anwendung.

Für die folgenden Versuche wurden daher diese drei genannten Werkstoffe ausgewählt, deren chemische Zusammensetzung folgende Grenzwerte in % besitzen soll (13):

	C	Si	Mn	Cr	Mo	V	W
75 Cr 1	.70 .80	.25 .50	.50 .70	.30 .40	-	-	-
80 CrV 2	.75 .85	.25 .40	.30 .50	.40 .70	-	.15 .25	-
73 WCrMoV 2 2	.68 .78	.20 .40	.40 .60	.40 .60	.25 .40	.15 .30	.40 .70

Eine Überprüfung des als warmgewalzten Bleches angelieferten Vormaterials ergab folgende Ist-Analyse (in %):

75 Cr 1	.79	.31	.73	.33	-	-	-
80 CrV 2	.82	.23	.37	.49	-	.27	
73 WCrMoV 2 2	.76	.28	.49	.41	.34	.21	.50

Die geringfügigen Abweichungen gegenüber der Soll-Analyse können toleriert werden.

Das Material wurde in weichgeglühtem Zustand bezogen; die Bilder 3 bis 5 zeigen den Gefügezustand der drei genannten Stähle. Deutlich ist die unterschiedliche Güte der Wärmebehandlung zu erkennen: Während der Stahl 80 CrV 2 eine sehr gute kugelig-perlitische Struktur besitzt (Bild 4), ist der Stahl 73 WCrMoV 2 2 nur zu etwa 80% (Bild 5), der Stahl 75 Cr 1 nur etwa zu 60% kugelig-perlitisch weichgeglüht worden (Bild 3). Deutlich sind bei den beiden letztgenannten Werkstoffen noch Reste der ehemaligen Perlitkörner zu erkennen. Der Reinheitsgrad der Werkstoffe ist als "gut" zu beurteilen.

Die an diesem Vormaterial gemessenen Härtewerte betragen:

75 Cr 1	233 HV 10
80 CrV 2	223 HV 10
73 WCrMoV 2 2	201 HV 10

Neben Härtemessungen wurden die mechanischen Eigenschaften des geglühten Vormaterials im Zugversuch sowohl in Längs- als auch in Querrichtung wie folgt ermittelt:

	Proben-Abmessung mm	Quer-schnitt mm²	0,2%-Dehn-grenze N/mm²	Zug-festigkeit N/mm²	Dehnung A_5	A_{10}
75 Cr 1						
längs	10,01x2,01	20,1	483	782	31,2	22,8
quer	10,00x2,01	20,1	515	782	26,4	21,4
80 CrV 2						
längs	9,96x2,01	20,0	482	716	28,0	22,0
quer	10,01x2,01	20,1	530	724	28,0	21,0
73 WCrMoV 2 2						
längs	12,49x3,33	41,6	433	701	30,6	-
quer	12,51x3,33	41,7	453	707	28,6	-

Die geringen Unterschiede zwischen den gemessenen mechanischen Eigenschaften der drei untersuchten Stähle in Längs- und Querrichtung lassen erkennen, daß keine ausgeprägte Zeilenstruktur vorliegen kann und der Reinheitsgrad des Materials gut sein muß.

Die weitgehende Übereinstimmung der Längs- und Querwerte zeigt darüberhinaus, daß das Vormaterial als Blech hergestellt worden ist.

4.2 Probenabmessungen

Das angelieferte Vormaterial besaß folgende Abmessungen:

75 Cr 1	65 x 18 x 2,9 mm
80 CrV 2	65 x 18 x 2,6 mm
73 WCrMoV 2 2	65 x 16 x 2,6 mm

Aus diesen Blechstreifen wurden für die einzelnen Prüfungen folgende Proben hergestellt:

Für Härte/Härtetemperaturkurven:	16 x 18 x 2,2 mm
Für statische Biegeversuche:	65 x 15 x 2,0 mm
Für Biegewechselversuche:	65 x 15 x 2,0 mm

Alle Proben wurden dem Vormaterial so entnommen, daß ihre Längsachse in Walzrichtung angeordnet war.
Die Rauhtiefe R_t der geschliffenen Probenoberfläche betrug stets 2,0 µm.

4.3 Wärmebehandlungseinrichtungen

Alle Härteversuche wurden in einem elektrisch beheizten Kammerofen der Abmessungen 400 x 250 x 650 mm mit einem Anschlußwert von 20 kW vorgenommen.

Nach dem Ausmessen der Temperaturverteilung im Ofenraum wurden die Proben auf einem Blech von 200 x 220 mm Größe erwärmt.
Ca. 10 mm über der Mitte der Platte war ein NiCr-Ni-Mantelthermoelement von 2 mm Ø zur genauen Temperaturüberwachung angebracht. Die Steuerung des Ofens erfolgte über ein elektronisches Regelgerät; damit konnte eine Temperaturabweichung von ± 2 ° C eingehalten werden.

Die Proben wurden in Härteöl "Durit TK" von 50° C abgeschreckt.

Für die Anlaßversuche stand ein Anlaßofen mit Luftumwälzung und den Nutzraummaßen von 320 x 300 x 400 mm zur Verfügung; sein Anschlußwert beträgt 5 kW, die gemessene Temperaturabweichung ± 2 ° C.

5. Versuchsprogramm

Das Versuchsprogramm der vorliegenden Aufgabe gliedert sich in Vorversuche zur Bestimmung der günstigsten Härtetemperatur, in verschiedene Belastungsprüfungen an Proben, die bei unterschiedlichen Anlaßtemperaturen und -zeiten behandelt worden sind sowie in Betriebsmessungen.

5.1 Härte und Gefügeausbildung in Abhängigkeit von der Härtetemperatur

Voraussetzung für eine Gefügeausbildung, die dem Stahl nach dem Anlassen möglichst günstige mechanische Eigenschaften verleiht, ist die Wahl der richtigen Härtetemperatur. Bei zu geringen Temperaturen wird nach dem Abschrecken die dem Werkstoff eigene, von seinem Kohlenstoffgehalt abhängige Höchsthärte nicht erreicht, bei zu hohen Temperaturen entsteht eine grobkörnige Gefügeausbildung sowie eine Vermehrung des Restaustenitanteiles. Für die Beurteilung der erforderlichen Härtetemperatur sind also zwei Faktoren zu beachten: Die Härte und die Gefügeausbildung der Proben.

Zur Bestimmung der Härte in Abhängigkeit von der Austenitisierungstemperatur wurden von allen drei Werkstoffen im Temperaturbereich von 710 bis 950° C in Abständen von 30 ° C Proben abgeschreckt und in deren Mitte die Vickershärte mit einer Last von 98 N (10 kp) gemessen.

Da für die nach dem Abschrecken erreichte Härte und Gefügeausbildung neben der Temperatur auch die Haltezeit auf derselben entscheidend ist, wurden unter Verdoppelung der jeweiligen Zeiten von jeder Härtetemperatur Proben nach folgenden Haltezeiten abgeschreckt:

3 - 6 - 12 - 24 - 48 min

Bild 6 zeigt den Einfluß der Austenitisierungstemperatur auf die Härte in Abhängigkeit von der Haltezeit für den Stahl 75 Cr 1 (Werkstoff-Nr. 1.2003).

Bei 800° C wird die Maximalhärte von 820 HV bereits erreicht; sie wird gleichbleibend bis zu einer Temperatur von 950° C erzielt.

Eine Haltezeit von 6 min und weniger ergibt deutlich geringere Härtewerte selbst bei den verwendeten kleinen dünnen Proben, die in dem sehr leistungsstarken Ofen sicherlich in kurzer Zeit ohne bedeutenden Temperaturabfall die Härtetemperatur erreichen.

Die Gefügeausbildungen bei steigenden Austenitisierungstemperaturen und konstanter Liegezeit von 12 min geben die Bilder 7a bis i wieder: Die Martensitbildung setzt nach dem Abschrecken von 740° C ein; von 770° C ist zwar bereits eine vollkommene Umwandlung erfolgt, doch liegen noch eine Vielzahl von ungelösten Karbiden vor, die sich in wolkenartiger Anordnung zeigen - eine Folge des schlechten Weichglühzustandes des Vormaterials (Bild 3). Oberhalb von 830° C sind eine deutliche, stetig wachsende Kornvergröberung sowie steigende Anteile an Restaustenit zu beobachten.

Der Härte/Härtetemperaturverlauf des Stahles 80 CrV 2 (Werkstoff-Nr. 1.2235) ist in Bild 8 dargestellt: Die Höchsthärte von 860 HV wird bereits bei Temperaturen von unter 800° C erzielt; sie bleibt dann bis zu einer Temperatur von 950° C ebenfalls nahezu konstant bestehen. Es besteht die

Tendenz, daß nach dem Abschrecken von höheren Temperaturen geringfügig ansteigende Härtewerte gemessen werden. Auch diese Kurven zeigen, daß Haltezeiten von 6 min oder weniger unbedingt zu vermeiden sind.

Auffallend ist bei diesem Material, daß die Härteproben - vor allem im Bereich der unteren Härtetemperaturen - deutliche Streuungen aufweisen. Aus diesem Grunde wurde in Bild 8 dieses Gebiet schraffiert eingetragen.

Die zugehörigen Gefügeaufnahmen (Bild 9a bis i) zeigen, daß eine vollkommene Martensitumwandlung erst nach dem Abschrecken von 800° C erfolgt; doch sind bei dieser Temperatur ebenfalls noch viele, allerdings gleichmäßig verteilte Karbide ungelöst vorhanden. Bei einer Härtetemperatur von mehr als 860° C setzt eine leichte Kornvergröberung ein, die hier jedoch vergleichsweise weniger stark ausgeprägt ist als bei dem Stahl 75 Cr 1.

Aus Bild 10 geht der Härte/Härtetemperaturverlauf des Stahles 73 WCrMoV 2 2 (Werkstoff-Nr. 1.2604) hervor: Die Höchsthärte von 820 HV wird ab 800° C erreicht; sie ändert sich bei steigenden Härtetemperaturen nicht.

Oberhalb von 800° C Härtetemperatur zeigt das Gefüge dieser Proben feinen Martensit und wenig ungelöste Karbide. Auch bei diesem Werkstoff ist eine leichte Kornvergröberung beim Abschrecken von Temperaturen oberhalb 860° C zu erkennen (Bild 11).

Legt man aufgrund dieser Ergebnisse die untere Grenze der Härtetemperatur fest, so ergibt sich aus den Härte/Härtetemperaturkurven für den Stahl 75 Cr 1 770° C, für die Stähle 80 CrV 2 und 73 WCrMoV 2 2 jeweils 800° C.

Die entsprechenden Gefügeaufnahmen begrenzen die obere Härtetemperatur auf 830° C für den Stahl 75 Cr 1 und auf 860° C für die Stähle 80 CrV 2 und 73 WCrMoV 2 2.

Diese Werte sollten nicht als Absolutgrenzen angesehen werden; durch die relativ grobe Abstufung der Versuche in Temperatursprüngen von 30 ° C sind geringfügige Abweichungen möglich, bzw. zu empfehlen.

So deuten die ungelösten Karbide im Werkstoff 75 Cr 1 bei der unteren Härtetemperatur von 770° C darauf hin, daß diese Temperatur als etwas zu nieder angesehen werden kann. Umgekehrt ist es bei der oberen Härtetemperatur von 860° C der Werkstoffe 80 CrV 2 und 73 WCrMoV 2 2: Bei diesen Stählen scheint eine Überschreitung dieser Grenze nicht gleich zu einer starken Kornvergröberung zu führen. Der Grund dafür liegt im Anteil an karbidbildenden Elementen (V, W, Cr) im Werkstoff, der das Wachstum des Austenites auch bei höheren Temperaturen stark hemmt.

Ausdrücklich soll nochmals darauf hingewiesen werden, daß sich die in den Härte/Härtetemperaturdiagrammen eingetragenen Haltezeiten ausschließlich auf sehr kleine und dünne Proben beziehen, die in einem sehr großen und leistungsstarken Ofen auf Härtetemperatur erwärmt worden sind. Es kann aus der Tatsache, daß bei Haltezeiten von 6 min nach dem Abschrecken bereits die dem Stahl eigene Höchsthärte erreicht wird, nicht der Schluß gezogen werden, diese Angabe in die Praxis übernehmen zu können.

5.2 Anlaßtemperaturen und Haltezeiten

In Vorversuchen wurden nun zunächst diejenigen Anlaßtemperaturen ermittelt, bei denen sich bei den einzelnen Werkstoffen die gewünschten Härtewerte einstellen:

75 Cr 1 (Werkstoff-Nr. 1.2003)	42 HRC (Stammblatt):	530° C
80 CrV 2 (Werkstoff-Nr. 1.2235)	42 HRC (Stammblatt):	530° C
	48 HRC (Vollstahlwerkzeug):	460° C

73 WCrMoV 2 2 (Werkstoff-Nr. 1.2604)	42 HRC (10 mm Blattstärke)	625° C
	48 HRC (3 mm Blattstärke)	525° C

Unter jeweiliger Verdoppelung wurden bei diesen Temperaturen folgende Anlaßzeiten untersucht:

2,5 , 5 , 10 , 20 , 40 , 80 , 160 , 320 min

Die Härtung vor dieser Anlaßbehandlung erfolgte jeweils von 3 Temperaturen, der unteren und oberen Grenze sowie der Mitte des vorab ermittelten "idealen" Härtebereiches, also von 800° C, 830° C und 860° C bei den Stählen 80 CrV 2 und 73 WCrMoV 2 2, von 770° C, 800° C und 830° C bei dem Stahl 75 Cr 1.

Die Liegezeit im Ofen betrug bei allen Proben stets 12 min.

Über den Einfluß der Anlaßzeit auf die bei gleichbleibender Temperatur zu erzielende Härte liegen verschiedene Veröffentlichungen vor (4, 17-21), die sich jedoch alle nicht auf die in dieser Untersuchung behandelten Stähle beziehen. In der Gleichung:

$$P = T \cdot (c + \log t)$$

(P = Vergleichsparameter, T = Anlaßtemperatur in K, t = Anlaßzeit in s)
stellt die Größe "c" eine werkstoffabhängige Konstante dar. Innerhalb bestimmter Temperaturbereiche kann nach dieser Beziehung die Anlaßzeit und -temperatur ausgetauscht werden, wenn die Konstante "c" bekannt ist. Der Parameter P gilt als Maß für den Anlaßzustand unter gleichen Randbedingungen (Werkstoff, Härtetemperatur und Haltezeit, Abschreckgeschwindigkeit), also für die erreichte Härte bzw. Festigkeit. In der sog. Anlaßhauptkurve ist die Abhängigkeit der Härte von Temperatur und Zeit zusammengefaßt. Erzielt man an Proben eines bestimmten Stahles bei zwei verschiedenen Anlaßtemperaturen T_1 und T_2

und zwei verschiedenen Anlaßzeiten t_1 und t_2 den gleichen Anlaßzustand, gekennzeichnet durch den gleichen Härtewert, lassen sich die Anlaßparameter P_1 und P_2 direkt gleichsetzen.

$$P_1 = P_2 = T_1 \cdot (c + \log t_1) = T_2 \cdot (c + \log t_2)$$

Hieraus errechnet sich die Konstante c wie folgt:

$$c = \frac{T_1 \cdot \log t_1 - T_2 \cdot \log t_2}{T_2 - T_1}$$

Dieser Wert "c" wurde für alle 3 Stähle (75 Cr 1, 80 CrV 2, 73 WCrMoV 2 2) ermittelt. Dabei ist zu berücksichtigen, daß vergleichbare Härtewerte nach Rockwell C eingesetzt wurden; durch einen theoretisch möglichen, maximalen Streubereich von ± 2 HRC bei der Härtemessung sind die ermittelten Faktoren entsprechend ungenau.

5.3 Statischer Biegeversuch (22-24)

Bild 12 zeigt die Vorrichtung, mit der das Belastungs-Weg-Diagramm der Proben gewonnen worden ist: Ein Druckstempel bewegt sich mit konstanter Geschwindigkeit von 3 mm/min nach vorn; er ist mit Dehnmeßstreifen bestückt, die die Druckkraft, die zu jedem Zeitpunkt auf die Probe einwirkt, messen. Der Druckkraftverlauf in Abhängigkeit von der Durchbiegung der Probe (Stempelweg) wird mit einem Schreiber kontinuierlich aufgezeichnet. Die Stützweite der Probe beträgt 22 mm.

Für jeden Meßpunkt wurden 4 Proben zerstört und der arithmetische Mittelwert gebildet.

Unter Zugrundelegung einer rein elastizitätstheoretischen Berechnung ergibt sich die Biegefestigkeit aus der zum Bruch notwendigen Druckkraft wie folgt:

$$P_{max} = \frac{4 \cdot \sigma_B \cdot W_B}{l_B} \quad \text{in N}$$

$$\sigma_B = \frac{P_{max} \cdot l_B}{4 \cdot W_B} \quad \text{in N/mm}^2$$

Das Widerstandsmoment W_B einer rechteckigen Probe beträgt:

$$W_B = \frac{h_B^2 \cdot b_B}{6} \quad \text{in mm}^3$$

Daraus ergibt sich für σ_B :

$$\sigma_B = \frac{P_{max} \cdot l_B \cdot 6}{4 \cdot h_B^2 \cdot b_B} \quad \text{in N/mm}^2$$

$$\sigma_B = \frac{22 \cdot 6 \cdot P_{max}}{4 \cdot 4 \cdot 15} = 0{,}55 \cdot P_{max} \quad \text{in N/mm}^2$$

Diese Berechnung der Biegefestigkeit gilt exakt nur, wenn die Elastizitätsgrenze vor dem Bruch der Probe nicht überschritten wird. Eine Korrektur ist dann nach folgender Gleichung möglich (25):

$$\Phi_B = 2 \cdot \sigma_B \cdot [3 - (\frac{f_E}{f_B})^2]^{-1} \quad \text{in N/mm}^2$$

Da in der vorliegenden Arbeit reine Vergleichsmessungen an recht dünnen Proben durchgeführt worden sind, wurde auf eine derartige Korrektur der gemessenen Werte verzichtet.

Zur Beurteilung der Belastbarkeit wurde neben der Biegefestigkeit die 0,1 mm - Biegegrenze ermittelt: Sie ist der Quotient aus dem Biegemoment, bei dem die Abweichung von der Hookschen Geraden 0,1 mm beträgt, und dem Widerstandsmoment des Probenquerschnittes.

5.4 Biegewechselversuch

In einer früheren Arbeit des Instituts für Werkzeugforschung (26) ist eine Möglichkeit beschrieben worden, wie vergleichende Prüfungen bezüglich der Materialauswahl für Kreissägeblätter vorgenommen werden können.

Mittels einer Vorrichtung, die an eine Waagerecht-Schnellhobelmaschine angebracht werden kann, wird eine Probe in 0,5 s um einen Winkel von 20° hin und her gebogen (Bild 13). Dehnmeßstreifen nehmen dabei die Biegekraft kontinuierlich auf, deren Abfall den Beginn eines Dauerbruches anzeigt.

Die freie Biegelänge beträgt 17 mm (Angriffspunkt der Biegevorrichtung). Mit ein und derselben Probe können nach deren Umspannen 2 Versuche ausgeführt werden; insgesamt wurden 3 Proben, also insgesamt 6 Proben je Meßpunkt, zerstört und der arithmetische Mittelwert gebildet.

5.5 Dilatometerversuch (27)

Die in Abschnitt 3 beschriebenen Anlaßvorgänge lassen sich relativ einfach mit einem Dilatometer nachweisen: Proben von 48 mm Länge und einem Durchmesser von 6 mm werden in einem Ofen erwärmt und dabei ihre Längenänderung gemessen.

Die bei der Martensitbildung auftretende Volumenvergrößerung des Stahles ist in der ersten Anlaßstufe (Ausscheidung von ε-Karbid) rückläufig. Der Restaustenitzerfall der 2. Anlaßstufe findet unter Vergrößerung des Volumens statt. Die 3. und 4. Anlaßstufe (Zusammenballen der Karbide, Sonderkarbidbildung) geschieht dagegen wieder unter Volumenverminderung.

Von allen drei Werkstoffen wurden jeweils 2 Proben von 830° C in Öl gehärtet. Die Proben der Stähle 75 Cr 1 und 80 CrV 2 wurden danach bei 530° C, die des Stahles 73 WCrMoV 2 2 bei 625° C im Dilatometer angelassen. Dabei wurde einmal "kontinuierlich" erwärmt, d.h. die Probe von Raumtemperatur mit einer Aufheizgeschwindigkeit von 10 ° C/min auf Anlaßtemperatur hochgefahren, zum anderen "isotherm" angelassen, d.h. die Probe wurde in den bereits auf Anlaßtemperatur befindlichen Ofen eingesetzt.

5.6 Stirnabschreckversuch (10, 27-31)

Der Stirnabschreckversuch dient zur Bestimmung der Härtbarkeit eines Stahles und wird im allgemeinen bei niedrig legierten Baustählen angewandt. Er dient zur Festlegung der zu erwartenden Einhärtung bezogen auf einen bestimmten Materialquerschnitt.

Eine Probe von 100 mm Länge und einem Durchmesser von 25 mm wird auf eine von der chemischen Zusammensetzung des betreffenden Stahles abhängige Härtetemperatur gebracht. Sie wird dann in eine Vorrichtung eingehängt und an der Stirnseite mit Wasser abgeschreckt; dabei wird in einem Abstand von 5 mm von der Stirnfläche eine Abkühlgeschwindigkeit von ca. 60 ° C/s erreicht.

Zur Härtemessung werden nach dem Erkalten an der Mantelfläche gegenüberliegend je 2 Bahnen von 0,8 mm Tiefe geschliffen und der Härteverlauf ausgehend von der Stirnseite der Probe nach Rockwell C ausgemessen.

Innerhalb der hier durchgeführten Untersuchungen dienten die Stirnabschreckversuche zur Abrundung des Versuchsprogrammes:
Die Stähle 80 CrV 2 und 73 WCrMoV 2 2 wurden von den Temperaturen 800°, 830° und 860° C, der Stahl 75 Cr 1 von 770°, 800° und 830° C abgeschreckt. Nach der Bestimmung des Härtbarkeitsverlaufes wurden die Proben der Stähle 75 Cr 1 und 80 CrV 2 bei 460° und 530° C, der Stahl 73 WCrMoV 2 2 bei 525° und 625° C jeweils 20 min lang angelassen.

Die Härtbarkeit eines Stahles kann auch seinem Zeit-Temperatur-Umwandlungsschaubild entnommen werden. Aus dem ZTU-Schaubild für kontinuierliche Abkühlung, das stets nur den eingetragenen Abkühlungskurven folgend ausgewertet werden darf, geht hervor, welcher Härtewert und welche Gefügeausbildung bei einer bestimmten Abkühlgeschwindigkeit nach der Austenitisierung zu erwarten ist (4,6,27, 32-37).

6. Versuchsergebnisse

Da in den vorliegenden Versuchen die Anlaßzeiten jeweils von Versuch zu Versuch verdoppelt wurden, sind alle folgenden Darstellungen über den Einfluß der Anlaßzeit auf die Härte, 0,1 mm - Biegegrenze, Biegefestigkeit und Biegewechselfestigkeit stets in logarithmischem Maßstab aufgezeichnet; nur daher scheinen die Meßpunkte in gleichen Abständen zu liegen.

6.1 Einfluß der Anlaßzeit auf die Härte

Bild 14 zeigt den Einfluß der Anlaßzeit auf die Härte für den Werkstoff 75 Cr 1 (Werkstoff-Nr. 1.2003). Da dieses Material fast ausschließlich für Stammblätter eingesetzt wird, wurde nur eine Anlaßstufe - nämlich die für Stammblätter übliche von 42 HRC - untersucht. Bei höherer Härtetemperatur werden auch nach dem Anlassen geringfügig höhere Härtewerte erzielt als bei deren unterer Grenze.

Eine jeweilige Verdoppelung der Anlaßzeit ergibt bei gleichbleibender Anlaßtemperatur von 530° C eine Verringerung der Härte von 45 HRC auf 36 HRC. Der angestrebte Wert von 42 HRC stellt sich beim Anlassen in einer Zeitspanne von 15 bis 30 min ein.

Für den Stahl 80 CrV 2 (Werkstoff-Nr. 1.2235) ergibt sich ein ähnliches Bild (Bild 15): Bei einer Anlaßtemperatur von 530 ° C fällt die Härte bei wachsender Anlaßdauer von 47 HRC auf 38 HRC, bei 460° C von 51 HRC auf 45 HRC ab. Hier ergeben höhere Härtetemperaturen deutlich höhere Härtewerte. Für die gewünschte Härte von 42 HRC bzw. 48 HRC ist eine Anlaßzeit von mind. 30 min und max. von 60 min einzuhalten.

Der Stahl 73 WCrMoV 2 2 (Werkstoff-Nr. 1.2604) fällt bei 625° C Anlaßtemperatur von 47 HRC auf 36 HRC, bei 525° C von 53 HRC auf 46 HRC ab; auch hier führen höhere Härtetemperaturen nach dem Anlassen zu höheren Härtewerten. Die Anlaßdauer sollte mind. 30 min betragen, jedoch 60 min nicht überschreiten (Bild 16).

Während der niederlegierte Werkstoff 75 Cr 1 seine gewünschte Härte bereits nach einer Haltezeit von 15 min erreicht, benötigen beide legierte Werkstoffe deutlich längere Zeiten von mind. 30 min zum Einstellen eines bestimmten Härtewertes.

Der Grund dafür liegt im höheren Anteil an karbidbildenden, "anlaßträgen" Elementen wie Vanadin, Chrom und Wolfram.

Ein "Überzeiten" beim Anlassen von mehr als 60 min führt zu einem deutlichen Härteabfall.

Die Bilder 17 und 18 zeigen die mit einem Rasterelektronenmikroskop aufgenommene Gefügeausbildung des Werkstoffes 73 WCrMoV 2 2 bei den extremen Anlaßzeiten von 2,5 min und 320 min (gehärtet von 860° C, Anlaßtemperatur 625° C).

Die Koagulation der verschiedenen Karbidphasen ist deutlich zu erkennen. Nach 2,5 min Anlassen beträgt die Härte 48 HRC (Bild 17), nach 320 min und gleicher Temperatur 38 HRC (Bild 18).

Wie stark sich dieser Vorgang auf jeden Werkstoff auswirkt, kann wie in Abschnitt 5.2 beschrieben anhand der Beziehung $P = T \cdot (c + \log t)$ ermittelt werden, wenn die Materialkonstante "c" bekannt ist. Zu beachten ist dabei allerdings, daß alle Randbedingungen (wie z.B. Härtetemperatur und Haltezeit, Abschreckbedingungen u.ä.) möglichst gleich gehalten werden.

Wie den Bildern 14 bis 16 zu entnehmen ist, ergibt sich bei den vorliegenden Versuchen für die einzelnen Stähle ein gleicher Anlaßzustand (gleiche Härte) unter folgenden Bedingungen:

Für den Stahl 75 Cr 1 bei

T_A = 800° C, t_1 = 19200 s, T_1 = 733 K
t_2 = 900 s, T_2 = 803 K (42 HRC)

T_A = 800° C, t_1 = 4800 s, T_1 = 733 K
t_2 = 300 s, T_2 = 803 K (44 HRC)

T_A = 800° C, t_1 = 2400 s, T_1 = 733 K
t_2 = 150 s, T_2 = 803 K (45 HRC)

Für den Stahl 80 CrV 2 bei

T_A = 800° C, t_1 = 19200 s, T_1 = 733 K
t_2 = 600 s, T_2 = 803 K (44 HRC)

T_A = 800° C, t_1 = 9600 s, T_1 = 733 K
t_2 = 300 s, T_2 = 803 K (45 HRC)

T_A = 860° C, t_1 = 4800 s, T_1 = 733 K
t_2 = 150 s, T_2 = 803 K (46 HRC)

Für den Stahl 73 WCrMoV 2 2 bei

T_A = 800° C, t_1 = 19200 s, T_1 = 798 K
t_2 = 150 s, T_2 = 898 K (46 HRC)

T_A = 830° C, t_1 = 19200 s, T_1 = 798 K
t_2 = 150 s, T_2 = 898 K (46,5 HRC)

T_A = 860° C, t_1 = 19200 s, T_1 = 798 K
t_2 = 150 s, T_2 = 898 K (47 HRC)

Hieraus errechnen sich für die Konstante c der einzelnen Stähle folgende Werte:

75 Cr 1:	c = 10,96,	10,13,	10,43	Mittelwert: 10,53
80 CrV 2:	c = 15,0,	13,28,	13,58	Mittelwert: 13,95
73 WCrMoV 2 2:	c = 14,64,	14,64,	14,64	Mittelwert: 14,64

Man kann daraus grob erkennen, daß die Zahlenwerte der ermittelten Umrechenfaktoren bei Stählen mit höheren Legierungsanteilen ansteigen. In Tabelle 1 sind die im Schrifttum (18, 19, 21) den verschiedenen Stählen zugeordneten Werte für "c" zusammengestellt. Trotz der recht unterschiedlichen Versuchsbedingungen kann festgestellt werden, daß die Konstante "c" bei steigenden Anteilen an Legierungselementen einen größeren Zahlenwert einnimmt. Besonders die Elemente Chrom, Wolfram und Vanadin - also die karbidbildenden Elemente mit verbesserter Anlaßbeständigkeit - erhöhen diese Werkstoffgröße.

Das bedeutet, daß alle anlaßbeständigen Werkstoffe einen recht hohen Wert für die Größe "c" besitzen und die Austauschbarkeit von Anlaßzeit und Anlaßtemperatur aufgrund der dadurch infragekommenden langen Zeiten sehr beschränkt ist.

Das bedeutet darüberhinaus aber auch, daß diese Stähle eine längere Zeit benötigen, bis der Anlaßvorgang vollständig

<u>Tabelle 1:</u> Vergleich der im Schrifttum (18,19,21) für die Konstante "c" angegebenen Werte

Stahl		C	Mn	Si	Cr	W	Mo	V	Co	Faktor "c"
(18)	V	1.15	.58	.09	-	-	-	-	-	11,3
	W	.89	.55	.06	-	-	-	-	-	12,2
	T	.74	.66	.18	-	-	-	-	-	13,4
	S	.56	.54	.18	-	-	-	-	-	14,3
	U	.31	.52	.10	-	-	-	-	-	15,9
	R	.98	.30	.30	-	-	-	-	-	9,7
		.35	-	-	-	-	2.00	-	-	14,3
		.94	-	-	-	-	-	-	-	14,7
		.71	-	-	-	-	-	-	4.2	13,5
(19)	R	.74	.26	.28	3.96	17.58	.40	1.03	-	17,0 - 19,1
	M	.82	.28	.28	4.15	6.54	5.09	1.92	-	15,2 - 17,2
	N	1.26	.30	.33	4.42	5.53	4.59	4.20	-	15,4 - 18,0
	A	1.01	.70	.32	5.36	-	1.06	.26	-	15,4 - 17,8
	O	1.55	.28	.42	12.01	-	.94	.87	.44	17,0 - 21,6
	C	2.17	.32	.38	11.68	-	-	.78	.51	13,3 - 14,7
	F	.26	.31	.10	3.60	14.30	-	.40	-	19,9 - 30,2
	P	.36	.33	.16	2.08	9.22	-	.57	-	18,5 - 19,7
	V	.33	.27	.32	3.56	9.56	-	.46	-	22,4
	H	.32	.36	.81	4.70	1.42	1.38	-	-	20,1
(21)	1.2567	.30	.20	.30	2.4	4.3	-	.60	-	20,0
	1.2003	.79	.31	.73	.33	-	-	-	-	10,53
	1.2235	.82	.23	.37	.49	-	-	.27	-	13,95
	1.2604	.76	.28	.49	.41	.50	.34	.21	-	14,64

abgeschlossen ist, und daß der Härteabfall beim "Überzeiten" geringer ist. Diese Beobachtung wird durch die bereits geschilderten Versuche (Bilder 14 bis 16) bestätigt, bei denen es sich gezeigt hat, daß für den Stahl 75 Cr 1 geringere Haltezeiten nötig sind als für die Stähle 80 CrV 2 und 73 WCrMoV 2 2.

6.2 Einfluß der Anlaßzeit auf die Biegefestigkeit und die 0,1 mm - Biegegrenze

Aus den Bildern 19 bis 21 geht der Einfluß der Anlaßzeit auf die Biegefestigkeit hervor: Entsprechend den Härtewerten (Bilder 14 bis 16) fällt sie bei den Stählen 75 Cr 1 und 80 CrV 2 gleichmäßig ab. Besonders bei dem Werkstoff 80 CrV 2 wird wiederum der Einfluß der Härtetemperatur auf die erreichbare Härte deutlich.

Bei dem Werkstoff 73 WCrMoV 2 2 tritt eine stetige Verringerung der Biegefestigkeit nur bei der hohen Anlaßtemperatur von 625° C ein ; bei der Temperatur von 525° C erfolgt zunächst ein stärkerer Abfall auf einen bestimmten Härtewert, bzw. einen Biegefestigkeitswert, der sich dann aber bei wachsenden Zeiten nur noch geringfügig ändert.

Die 0,1 mm - Biegegrenze verändert ihre Größe entsprechend der Biegefestigkeit: Sie liegt bei allen drei Stählen stets recht genau 450 N/mm² unter deren Wert (Bilder 22 bis 24).

Überträgt man die für den Stahl 75 Cr 1 für einen Härtewert von 42 HRC nötige Anlaßzeit von 15 bis 30 min auf Biegefestigkeit und 0,1 mm - Biegegrenze, ergeben sich jeweils für die mittlere Härtetemperatur Abweichungen von 2500 bis 2400 N/mm² bzw. 2000 bis 1900 N/mm², also 100 N/mm².

Für den Stahl 80 CrV 2 betragen die Streuungen bei einer Spanne von 30 bis 60 min 3000 bis 2900 N/mm², bzw. 2550 bis 2450 N/mm² (48 HRC) und 2500 bis 2400 N/mm² bzw. 2100 bis 2000 N/mm² (42 HRC).

Bei dem Stahl 73 WCrMoV 2 2 ändert sich bei 525° C (48 HRC) der Wert von 3000 N/mm² für die Biegefestigkeit und von 2500 N/mm² für die 0,1 mm - Biegegrenze kaum.

Die höhere Anlaßtemperatur von 625° C (42 HRC) bewirkt eine Veränderung von 2550 auf 2450 N/mm² bzw. 2100 auf 2000 N/mm² bei Anlaßzeiten von 30 bis 60 min.

Alle Zahlen gelten stets für das Anlassen nach Abschrecken von mittlerer Härtetemperatur.

6.3 Einfluß der Anlaßzeit auf das Biegewechselverhalten

Wie die Bilder 25 und 26 zeigen, fällt die Biegewechselbelastbarkeit der Stähle 75 Cr 1 und 80 CrV 2 nach kurzem Anstieg bei sehr kurzer Haltezeit (2,5 auf 5 min), den Kurven der Biegefestigkeit in der Tendenz folgend, gleichmäßig ab.

Für den Stahl 73 WCrMoV 2 2 (Bild 27) ist diese Prüfmethode offensichtlich ungeeignet; es treten so starke Streuungen bei den Meßwerten auf, daß keine eindeutige Aussage gemacht werden kann. Das Bruchverhalten wird dabei wahrscheinlich von der Größe und Lage der Karbidausscheidungen entscheidender beeinflußt als von der Anlaßzeit, der Härtetemperatur oder den mechanischen Eigenschaften.

6.4 Auswertung der Dilatometerversuche +)

Die Bilder 28 bis 30 zeigen, bei welchen Temperaturen und Zeiten die Vorgänge der einzelnen Anlaßstufen beginnen und enden, wenn die Proben mit 10° C/min von Raumtemperatur auf

+) Die beschriebenen Dilatometerversuche wurden freundlicherweise von der Stiftung Institut für Härtereitechnik, Bremen (Leitung: Prof. Dr.-Ing. O. Schaaber) ausgeführt.

eine bestimmte Anlaßtemperatur aufgeheizt und auf derselben gehalten werden. Der Härtezustand war bei allen Proben der gleiche: 830° C, Ölabschreckung.

Bei dem Stahl 75 Cr 1 beginnt nach 23 min und 130° C die erste Anlaßstufe, die Ausscheidung des ε-Karbides aus dem Martensit, die nach 28 min und bei 180° C abgeschlossen ist.

Die zweite Stufe, der Restaustenitzerfall, findet im Temperaturbereich von 310° bis 405° C und im Zeitraum von 35 bis 45 min statt.

Nach Erreichen der Anlaßtemperatur von 530° C (ca. 55 min) erfolgt die Karbidausscheidung und -veränderung kontinuierlich bei konstanter Temperatur.

Bei dem Stahl 80 CrV 2 liegt die 1. Anlaßstufe zwischen 140° und 190° C sowie 20 bis 25 min; die 2. Stufe zwischen 325° und 415° C sowie 35 bis 45 min. Nach ca. 55 min ist die Anlaßtemperatur von 530° C erreicht und die Karbidumwandlung erfolgt gleichmäßig fortlaufend.

Der Stahl 73 WCrMoV 2 2 zeigt ein ähnliches Verhalten: Die 1. Anlaßstufe läuft von 130° bis 200° C ab (22 bis 28 min), die zweite von 320° bis 410° C (38 bis 45 min) und die dritte beginnt nach Erreichen der Anlaßtemperatur von 625° C nach 60 min.

Diese Angaben beziehen sich ausschließlich auf eine kontinuierliche Erwärmung der Probe, d.h., daß der Anlaßvorgang entsprechend gleichmäßig abläuft und nur die typischen Umwandlungen durch Längenänderungen am Dilatometer angezeigt werden.

Setzt man die gehärteten Proben in den bereits aufgeheizten Ofen ein, erfolgt die Erwärmung mit wesentlich größerer Geschwindigkeit als mit 10 ° C/min; nach ca. 10 min ist bei den

Stählen 75 Cr 1 und 80 CrV 2 die Anlaßtemperatur von 530° C erreicht, was einer Aufheizgeschwindigkeit von ca. 53 ° C/min entspricht. Die Anlaßtemperatur von 625° C des Stahles 73 WCrMoV 2 2 ist bereits nach 9 min, entsprechend 70 ° C/min, erreicht (Bilder 31 bis 33).

Während dieser Zeit laufen bereits die Anlaßvorgänge der 1. und 2. Stufe ab, von denen nur noch die Umwandlung der 2. Stufe, die nach 30 s beginnt und nach 75 s abgeschlossen ist, vom Dilatometer exakt erfaßt wird.

Hält man dann die Proben 3 h lang auf Anlaßtemperatur, findet eine gleichmäßig verlaufende Karbideinformung unter stetiger Volumenverringerung statt.

Während also die Vorgänge der 1. und 2. Anlaßstufe in recht kurzer Zeit vor sich gehen, benötigt die Karbidausscheidung und -einformung der 3. Stufe einen längeren Zeitraum.

6.5 Bestimmung der Härtbarkeit

Abschließend sei auf das Härtbarkeitverhalten der Stähle 75 Cr 1, 80 CrV 2 und 73 WCrMoV 2 2 hingewiesen. Da ein Anlassen stets eine vorhergegangene Härtung voraussetzt, sollte zur Ergänzung der bisherigen Versuchsergebnisse auch darauf kurz eingegangen werden.

Die Härtbarkeit wird im allgemeinen bei niederlegierten Baustählen anhand des Stirnabschreckversuches ermittelt. Bei diesen Werkstoffen interessiert in überwiegendem Maße deren Einhärtung, d.h., die Frage, wie dick ein Bauteil sein darf, damit es unter den vorliegenden Bedingungen noch bis in seinen Kern vergütet werden kann.

Bei Werkzeugstählen ist dieses Problem weniger wichtig, da die Abmessungen der Teile im allgemeinen nicht übermäßig groß sind und eine Durchvergütung oft nicht erforderlich oder sogar unerwünscht ist.

Die Bilder 34 bis 36 zeigen das Härteverhalten des Stahles 75 Cr 1 bei den Härtetemperaturen 770°, 800° und 830° C. Seine Maximalhärte von 64/65 HRC wird bei allen Temperaturen erreicht; sie reicht bis zu einer Tiefe von 3 mm und fällt dann steil ab.

Bei dem Stahl 80 CrV 2 wird der Einfluß der Härtetemperatur deutlich sichtbar: Höhere Härtetemperaturen (860° C) führen zu höherer Härte nach dem Abschrecken (65 HRC) und größerer Einhärtetiefe (ca. 6 mm) (Bilder 37 bis 39).

Die gleiche Tendenz zeigt der Stahl 73 WCrMoV 2 2: Die höchste Härte von 66 HRC wird nach dem Abschrecken von 860° C gemessen; die Einhärtung beträgt dabei > 10 mm (Bilder 40 bis 42).

Alle Stirnabschreckproben wurden dann bei den gleichen Temperaturen 30 min lang angelassen, wie sie bei den bisher beschriebenen Versuchen angewandt worden waren. Die nun gemessenen Werte liegen stets 2 bis 4 Rockwell-C-Einheiten über denen dieser Proben; der Grund dafür liegt darin, daß die Stirnabschreckproben im Vergleich zu den Härteproben stark unterschiedliche Maße aufweisen und darüberhinaus die Abschreckung in Wasser erfolgte.

Die Härtbarkeit eines Stahles kann auch seinem Zeit-Temperatur-Umwandlungsschaubild (ZTU-Schaubild) entnommen werden. Die Bilder 43 und 44 (38) zeigen diese Diagramme für die Stähle 75 Cr 1 und 80 CrV 2; für den Stahl 73 WCrMoV 2 2 steht ein ZTU-Schaubild nicht zur Verfügung. ZTU-Schaubilder für kontinuierliche Abkühlung sind stets entlang den eingezeichneten Abkühlungslinien zu lesen: Die am Ende dieser Linien in den Kreisen eingetragenen Zahlen geben die Härtewerte an, die nach dem Abkühlen gemäß dem vorgegebenen Temperatur-Zeit-Verlauf zu erwarten sind. Die maximal erreichbare Härte (872 bzw. 860 HV 0,5) wird nur dann erzielt, wenn die Abkühlgeschwindigkeit so groß ist, daß der Bereich der Perlitbildung (P) nicht durchlaufen wird. Die in diesem Feld eingetragenen Zahlen geben den prozentualen Anteil der Perlit-Phase wieder. Dieses Verhalten bedeutet für die Beurteilung der

Härtbarkeit, daß bei einer gewünschten Durchhärtung im Kern der Probe die Abkühlgeschwindigkeit so groß sein muß, daß auch dort eine vollkommene Umwandlung in der Martensitstufe erfolgt (unterhalb der Linie M_S). Damit kann eine Aussage über die Einhärtetiefe eines Werkstoffes getroffen werden.

7. Messung der wirklichen Temperaturverteilung in verschiedenen Betrieben

Um zu überprüfen, wie lange Kreissägeblätter unterschiedlicher Abmessungen in der Praxis tatsächlich auf der entsprechenden Anlaßtemperatur gehalten werden, wurde in verschiedenen Betrieben die Temperaturverteilung in einem verspannten Stapel während des Anlassens im Ofen gemessen.

Dazu wurden 3 ungezahnte Ronden von 600 mm Ø und einer Dicke von 5,0 mm hergestellt. In diese Bleche sind - stets um 90° versetzt - 4 radial verlaufende Nuten von 1,2 mm Tiefe eingefräst worden. In die Vertiefungen wurden NiCr-Ni-Mantelthermoelemente von 1 mm Ø zunächst in Abständen von 60, 120, 180 und 240 mm vom Außenrand eingeklebt (Bild 45). Diese Maße veränderten sich wie im folgenden beschrieben gemäß kleiner werdendem Durchmesser der Meßronden.

Aus der in Bild 46 dargestellten Skizze ist ersichtlich, an welchen Stellen der Stapel die Meßronden eingebaut worden sind: Sie wurden stets im oberen, im mittleren und im unteren Bereich angeordnet.

1. Messung

Abmessungen der Werkzeuge (Trennsägen): 750 x 7 x 108 mm, z = 380
Werkstoff: 73 WCrMoV 2 2 (Werkstoff-Nr. 1.2604)
Ofentyp: Hersteller Schmitz u. Apelt, Typ OSV, 5 Nm^3/min
ölbeheizter Topfofen mit Luftumwälzung

Einbauanordnung:	1 Spannplatte	725 x 50,0 mm
	1 Säge	750 x 7,0 mm
	1 Meßronde (oben)	600 x 5,0 mm
	5 Sägen	750 x 7,0 mm
	1 Meßronde (Mitte)	600 x 5,0 mm
	5 Sägen	750 x 7,0 mm
	1 Meßronde (unten)	600 x 5,0 mm
	1 Säge	750 x 7,0 mm
	1 Spannplatte	725 x 50,0 mm

Lage des Stapels im Ofen: Oberer Stapel, auf nächstem Stapel aufliegend

Anlaß-Soll-Temperatur: 610° C

Anlaß-Soll-Zeit: 12 h

Die Bilder 47a bis d zeigen den Temperaturverlauf für die Meßstellen 60 mm (a), 120 mm (b), 180 mm (c) und 240 mm (d). Während die mittlere und die untere Meßronde einen fast übereinstimmenden Temperaturanstieg erkennen lassen, eilt die Temperatur der oberen anfangs stets um ca. 40° C voraus. Die größte Temperaturdifferenz im Stapel selbst beträgt nach 2 h noch 70° C zwischen der oberen Außen- und der mittleren Innenmeßstelle.

Nach der Soll-Anlaßzeit von 12 h wird die Soll-Temperatur gerade erreicht, d.h., daß in diesem Fall eine Verlängerung der Anlaßzeit um mind. 1/2 h erforderlich ist, wenn die Werkzeuge 1/2 h lang auf der gewünschten Anlaßtemperatur gehalten werden sollen - besser wäre eine Gesamtzeit von insgesamt 13 h.

Auffallend ist die Abweichung der Soll-Temperatur (Ofenanzeige) von der tatsächlichen Anlaßtemperatur: Während der Ofen auf 610° C eingestellt war, wurde an den Werkzeugen selbst eine Temperatur von max. 594° C erreicht.

2. Messung

Abmessungen der Werkzeuge (Kreissägen): 700 x 3,1-4,6 x 90 mm
Werkstoff: 80 CrV 2 (Werkstoff-Nr. 1.2235)

Ofentyp: Hersteller Nolzen, Typ LVa 100/170, 80 kW
elektrisch beheizter Topfofen mit Luftumwälzung

Einbauanordnung:	1	Spannplatte	725 x 20,0	mm
	2	Sägen	700 x 4,6	mm
	1	Meßronde (oben)	600 x 5,0	mm
	5	Sägen	700 x 3,3	mm
	1	Meßronde (Mitte)	600 x 5,0	mm
	5	Sägen	700 x 4,6	mm
	1	Meßronde (unten)	600 x 5,0	mm
	2	Sägen	700 x 4,1	mm
	1	Spannplatte	725 x 20,0	mm

Lage des Stapels im Ofen: 2. Stapel von oben, direkt verschraubt mit einem Stapel kleineren Durchmessers

Anlaß-Soll-Temperatur: 490° C

Anlaß-Soll-Zeit: 10 h

Aus den Bildern 48a bis d ist der Temperaturverlauf der 2. Messung zu erkennen: In diesem Fall liegt die Temperatur der unteren Meßronde am Anfang stets um ca. 25° C über der der mittleren und oberen. Der Grund für dieses, von allen anderen Versuchen abweichenden Verhalten dürfte in der Tatsache zu finden sein, daß bei dieser Messung auf dem Meßstapel ein zusätzliches Paket aufgeschraubt worden ist. Daher wurde die obere Meßstelle durch diese zusätzlich aufgebrachten Werkzeuge abgedeckt und lag somit im mittleren Bereich des Gesamtpaketes.

Die Soll-Anlaßtemperatur von 490° C wird bereits nach 7 h erreicht; bei der vorliegenden Bestückung ist demnach eine deutliche Verkürzung der Anlaßzeit möglich. Die Soll-Temperatur von 490° C wird sehr genau eingehalten.

Der größte gemessene Unterschied in der Temperatur beträgt nach 1 h 66° C wiederum zwischen der unteren Außen- und der oberen Innenmeßstelle.

3. Messung

Abmessungen der Werkzeuge (Trennsägen): 700 x 5,0 x 75 mm, z = 280
Werkstoff: 73 WCrMoV 2 2 (Werkstoff-Nr. 1.2604)

Ofentyp: Hersteller Schmitz u. Apelt, Typ OSV, 5 Nm^3/min, ölbeheizter Topfofen mit Luftumwälzung

Einbauanordnung:	1 Spannplatte	725 x 50,0 mm
	1 Säge	700 x 5,0 mm
	1 Meßronde (oben)	600 x 5,0 mm
	5 Sägen	700 x 5,0 mm
	1 Meßronde (Mitte)	600 x 5,0 mm
	5 Sägen	700 x 5,0 mm
	1 Meßronde (unten)	600 x 5,0 mm
	1 Säge	700 x 5,0 mm
	1 Spannplatte	725 x 50,0 mm

Lage des Stapels im Ofen: Oberer Stapel, auf nächsten Stapel aufliegend

Anlaß-Soll-Temperatur: 600° C

Anlaß-Soll-Zeit: 11 h

Wie die Bilder 49a bis d erkennen lassen, liegt die Temperatur der oberen Meßstelle zu Beginn der Erwärmung ca. 25° C über der der mittleren und unteren. Die stärkste Differenz im Stapel besteht zwischen der oberen Innen- und der unteren Innenmeßstelle mit 30° C nach 1 h Aufheizzeit. Die Endtemperatur erreicht das Material nach 8 h, so daß bei einer Gesamtanlaßzeit von 11 h unter den vorliegenden Verhältnissen eine zeitliche Verkürzung möglich ist. Die Soll-(Ofen-) Temperatur von 600° C wird allerdings nicht erreicht; die an den Werkzeugen gemessene Endtemperatur nach 9 h betrug 576° C.

4. Messung

Abmessungen der Werkzeuge (Kreismesser): 610 x 5,0 x 82 mm,
4 Nebenlöcher

Werkstoff: 100 Cr 6 (Werkstoff-Nr. 1.2067)

Ofentyp: Hersteller Nolzen, Typ LVa 100/170, 80 kW
elektrisch beheizter Topfofen mit Luftumwälzung

Einbauanordnung:	1 Spannplatte	610 x 20,0 mm
	2 Messer	610 x 5,0 mm
	1 Meßronde (oben)	600 x 5,0 mm
	17 Messer	610 x 5,0 mm
	1 Meßronde (Mitte)	600 x 5,0 mm
	17 Messer	610 x 5,0 mm
	1 Meßronde (unten)	600 x 5,0 mm
	2 Messer	610 x 5,0 mm
	1 Spannplatte	610 x 20,0 mm

Lage des Stapels im Ofen: Oberer Stapel, freistehend unterbaut

Anlaß-Soll-Temperatur: 230° C

Anlaß-Soll-Zeit: 9 h

Die Bilder 50a bis d zeigen einen vergleichsweise andersartigen Verlauf der Temperaturverteilung: Hier liegen zunächst die Temperaturen aller Meßpunkte des mittleren Bereiches deutlich (teilweise bis zu 30° C) unterhalb derjenigen der oberen und unteren Ronden, bis nach 5 h ein auffälliger Knick auftritt und danach ein klarer Temperaturausgleich bis zum Erreichen der Soll-Temperatur nach 7 h erzielt wird. Bei einer Gesamtanlaßzeit von 9 h ist also ein einwandfreier Anlaßvorgang gegeben. Die Unstetigkeitsstelle ist darauf zurückzuführen, daß bei der vorliegenden Messung die Lüftungsklappe, aus der Verbrennungsgase von Öl oder Sägemehl entweichen können, erst nach 5 h geschlossen worden ist; bei Temperaturen oberhalb von 200° C reichte vorher die Heizleistung des Ofens für einen gleichmäßig weiterführenden Temperaturanstieg nicht aus.

Die eingestellte Soll-Temperatur von 230° C wird um 15° C überschritten. Zwischen der oberen äußeren und mittleren äußeren Meßstelle war 1 h nach Beginn der Erwärmung im Stapel noch eine Temperaturdifferenz von 40° C vorhanden.

Die Ronden sind nun für die nächste Messung auf einen Außendurchmesser von 500 mm verringert und auf eine Dicke von 4 mm geschliffen worden. Die 4 Meßstellen wurden in Abständen von 45, 90, 135 und 180 mm vom Außenrand angeordnet; in den folgenden Bildern werden sie wiederum mit a (45 mm) bis d (180 mm) gekennzeichnet.

5. Messung

Abmessungen der Werkzeuge (Trennsägen): 520 x 3,0 x 40 mm, z = 280
Werkstoff: 80 CrV 2 (Werkstoff-Nr. 1.2235)

Ofentyp: Hersteller Schmitz u. Apelt, Typ OSV, ölbeheizter Topfofen mit Luftumwälzung

Einbauanordnung:	1	Spannplatte	540 x 45,0 mm
	4	Sägen	520 x 3,0 mm
	1	Meßronde (oben)	500 x 4,0 mm
	19	Sägen	520 x 3,0 mm
	1	Meßronde (Mitte)	500 x 4,0 mm
	20	Sägen	520 x 3,0 mm
	1	Meßronde (unten)	500 x 4,0 mm
	4	Sägen	520 x 3,0 mm
	1	Spannplatte	540 x 45,0 mm

Lage des Stapels im Ofen: Oberer Stapel, auf nächsten Stapel aufliegend

Anlaß-Soll-Temperatur: 475° C

Anlaß-Soll-Zeit: 6 h

Aus den Bildern 51a bis d ist zu entnehmen, daß im oberen Bereich des Paketes anfangs die Erwärmung stets schneller vorsichgeht (50° C) als im mittleren und unteren. Nach 6 h wird die Soll-Temperatur von 475° C, die mit gemessenen 446° C am Werkzeug allerdings deutlich unterschritten wird, erreicht.

Der größte Temperaturunterschied im Stapel besteht nach 1 h Anlaßzeit mit 68° C zwischen der oberen inneren und mittleren inneren Meßstelle.

Nach dieser Messung wurde der Durchmesser der Ronden auf 400 mm herabgesetzt und ihre Dicke auf 3,0 mm verringert. Die Abstände der 4 Meßstellen vom Außenrand betrugen nun 32,5 (Bild 52a), 65 (Bild 52b), 97,5 (Bild 52c) und 130 mm (Bild 52d).

6. Messung

Abmessungen der Werkzeuge (Stammblätter für diamantbestückte Steinsägen): 390 x 2,5 x 60 mm, 28 Schlitze

Werkstoff: 75 Cr 1 (Werkstoff-Nr. 1.2003)

Ofentyp: Hersteller Braun-Angott, 40 kW
elektrisch beheizter Haubenofen mit Luftumwälzung

Einbauanordnung:	1	Spannplatte	425 x 20,0 mm
	8	Stammblätter	390 x 2,5 mm
	1	Meßronde (oben)	400 x 3,0 mm
	30	Stammblätter	390 x 2,5 mm
	1	Meßronde (Mitte)	400 x 3,0 mm
	30	Stammblätter	390 x 2,5 mm
	1	Meßronde (unten)	400 x 3,0 mm
	8	Stammblätter	390 x 2,5 mm
	1	Spannplatte	425 x 20,0 mm

Lage des Stapels im Ofen: Aufliegend auf der Grundplatte, freistehend

Anlaß-Soll-Temperatur: 460° C

Anlaß-Soll-Zeit: 6 1/2 h

Wie die Bilder 52a bis d erkennen lassen, liegen die Temperaturen des oberen und unteren Meßbereiches bei Beginn der Erwärmung bis zu 2 1/2 h um ca. 50° C über denen des mittleren. Die größte Differenz im Stapel beträgt nach 1 h 110° C im Vergleich der unteren äußeren und der mittleren inneren Meßstelle.

Die Soll-Temperatur von 460° C ist bereits nach 5 h erreicht; es findet ein durchgreifendes Anlassen des Werkstoffes statt. Die gewünschte Temperatur von 460° C wird recht genau eingehalten.

Der Außendurchmesser der Ronden ist nun auf 350 mm, ihre Dicke auf 2,5 mm verringert worden. Die Thermoelemente liegen in Abständen von 20,0, 53,0, 86,0 und 119 mm vom Außenrand; im folgenden wird der Temperaturverlauf eines weiteren Paketes in den Bildern 53a (20,0 mm) bis 53d (119 mm) erläutert.

7. Messung

Abmessungen der Werkzeuge (Stammblätter für hartmetallbestückte Kreissägen): 350 x 2,45 x 30 mm, z = 108

Werkstoff: 75 Cr 1 (Werkstoff-Nr. 1.2003)

Ofentyp: Hersteller Nolzen, Typ LVd 50/160, 20 kW elektrischbeheizter Topfofen mit Luftumwälzung

Einbauanordnung:	1	Spannplatte	365 x 30,0 mm
	6	Stammblätter	350 x 2,45 mm
	1	Meßronde (oben)	350 x 2,50 mm
	25	Stammblätter	350 x 2,45 mm
	1	Meßronde (Mitte)	350 x 2,50 mm
	25	Stammblätter	350 x 2,45 mm

1	Meßronde (unten)	350 x 2,50 mm
6	Stammblätter	350 x 2,45 mm
1	Spannplatte	365 x 30,0 mm

Lage des Stapels im Ofen: Oberer Stapel, auf nächsten Stapel aufliegend

Anlaß-Soll-Temperatur: 450° C

Anlaß-Soll-Zeit: 9 h

Bei diesen Messungen wurde eine von der bisherigen Praxis abweichende Anlaßmethode angewandt (Bilder 53a bis d): Die Werkzeuge werden nach dem Härten im relativ warmen Zustand (ca. 130° C) in den noch nicht eingeschalteten ca. 250° C heißen Ofen eingesetzt und dieser erst nach 7 h in Betrieb genommen. Zu diesem Zeitpunkt besitzen die Teile infolge der langen Vorwärmzeit an allen Stellen bereits eine sehr gleichmäßige Temperatur von 230° C. Nach 6 h wird die eingestellte Anlaßtemperatur von 450° C erreicht und dann 3 h lang gehalten. Auch in diesem Falle erscheint eine Verkürzung der Anlaßdauer um 1 bis max. 2 h durchaus möglich.

Während des gesamten Anlaßvorganges tritt innerhalb des Stapels keine Temperaturdifferenz auf, die größer ist als 20° C.

Zum Abschluß der Versuche wurde der Durchmesser der Meßronden nochmals auf 185 mm verkleinert und die Dicke auf 2,2 mm verringert. Wegen der relativ großen Bohrung von 80 mm konnten daran nur noch 3 Thermoelemente in Abständen von 15, 30 und 45 mm vom Außenrand angebracht werden (Bilder 54a (15 mm) bis c (45 mm)).

8. Messung

Abmessungen der Werkzeuge (Kreissägeblätter): 180 x 1,0 x 17,5 mm
z = 160

Werkstoff: X 40 Cr 13 (Werkstoff-Nr. 1.4034)

Ofentyp: Hersteller Braun-Angott, 40 kW
elektrisch beheizter Haubenofen mit Luftumwälzung

Einbauanordnung:	1	Spannplatte	200 x 30,0 mm
	10	Sägen	180 x 1,0 mm
	1	Meßronde (oben)	185 x 2,2 mm
	40	Sägen	180 x 1,0 mm
	1	Meßronde (Mitte)	185 x 2,2 mm
	40	Sägen	180 x 1,0 mm
	1	Meßronde (unten)	185 x 2,2 mm
	10	Sägen	180 x 1,0 mm
	1	Spannplatte	280 x 60,0 mm

Lage des Stapels im Ofen: Aufliegend auf der Grundplatte (unterlüfteter Rost), freistehend

Anlaß-Soll-Temperatur: 530° C

Anlaß-Soll-Zeit: 6 1/2 h

Die Anlaßtemperatur wird nach 3 1/2 h an allen Stellen erreicht und weitere 3 h lang gehalten; dabei ist an den Werkzeugen selbst eine Ist-Temperatur von 547° C gemessen worden. Die Temperaturen der oberen und unteren Ronden eilen denen der mittleren stets um ca. 50° C voraus (Bilder 54a bis c); die größte ermittelte Differenz von 81° C wird nach 1 h zwischen der oberen äußeren (a) und mittleren inneren Stelle (b) gemessen. Auch in diesem Falle erscheint eine Verkürzung der Anlaßdauer um ca. 1 h möglich.

Faßt man die Ergebnisse der durchgeführten Betriebsmessungen zusammen, so kann festgestellt werden, daß bis auf einen Fall die Anlaßdauer stets so gewählt worden ist, daß ein durchgreifender Anlaßvorgang gewährleistet erscheint. In wieweit eine Verkürzung der oft recht langen Anlaßzeiten zweckmäßig ist, hängt davon ab, welche Temperaturen dann eingehalten werden müssen. Die Frage, ob eine Verringerung der Anlaßdauer bei erhöhter -temperatur günstiger ist als umgekehrt, müßte unter wirtschaftlichen Gesichtspunkten überprüft werden.

Auffallend ist die Vielfalt der unterschiedlichen Abmessungen der Werkzeuge, bei denen der Durchmesser von 750 mm bis 180 mm und ihre Dicke von 7,0 mm bis 1,0 mm schwanken können. Entsprechend unterschiedlich sind auch die Maße der zusammengestellten Pakete und die volumenmäße Ausnutzung des Ofenraumes. Dadurch wiederum ist die Verweildauer der Teile im Ofen, die 6 bis 12 h betragen kann, ebenfalls recht variabel. Die unterschiedlichen Stähle verlangen je nach gewünschter Härte werkstoffbedingte Anlaßtemperaturen von 230° bis 610° C.

Da die meisten Anlaßöfen für eine zusätzliche Temperaturmessung im Ofeninnenraum nicht eingerichtet waren, gestaltete sich die Verlegung der Mantelthermoelemente nach außen oft recht schwierig. Wie Bild 55 zeigt, mußten die Leitungen in einem Fall durch ein ca. 20 mm großes Loch des Schwenkdeckels gefädelt werden. Einfacher war dagegen das Herausführen der Drähte aus einem Topfofen, dessen Deckel abgehoben werden konnte und dessen Dichtungsteil gut zu überbrücken war (Bilder 56 und 57).

8. Analytische Berechnung des Aufheizvorganges (42-50)

"Der Industrieofen stellt eine Anlage dar, die bei gleichzeitiger Ausnutzung der Wärme als Hauptenergiespender zur Durchführung der technologischen Prozesse dient" (44).

In der Werkzeugindustrie gibt es hauptsächlich Anlagen zur Wärmebehandlung von Stahl (Normalisieren, Weichglühen, Härten und Anlassen), zum Erwärmen auf Umformtemperatur (Schmieden) oder zur Oberflächenbehandlung von Werkzeugen (Einsatzhärten, Nitrieren) - also sog. "Wärmeöfen".

Bei der Erwärmung von Material können ganz allgemein folgende Fälle eintreten:

1. Das Wärmegut ruht im Ofen und das Heizgas hat an allen Stellen die gleiche Temperatur.
2. Das Wärmegut ruht im Ofen und das Heizgas streicht unter Abkühlung über das Wärmegut.
3. Das Wärmegut wird im Ofen gegen oder in Richtung des Heizgases bewegt.

Anlaßöfen für Kreissägen sind der ersten Gruppe zuzuordnen. Durch Umwälzung des Heizgases wird sichergestellt, daß dessen Temperatur stets gleich ist und keine Temperaturunterschiede im Ofenraum auftreten, z.B. an den Stellen der Wärmeeinleitung.

Die Wärmeübertragung auf ein Heizgut kann grundsätzlich nach 3 Systemen erfolgen:

1. Durch Berührung (Konvektion)
2. Durch Strahlung (Radiation)
3. Durch Leitung (Konduktion)

Bei der technischen Erwärmung von Werkstücken kommen in den meisten Fällen alle drei Arten der Wärmeübertragung gleichzeitig vor: Sie wird sowohl durch die Berührung der Oberfläche mit den Heizgasen als auch durch Strahlung der Ofenausmauerung sowie durch Leitung innerhalb des Gutes vorgenommen. Jede Wärmeübertragung ist normalerweise mit einem bestimmten Temperaturunterschied zwischen Rand und Kern eines Bauteiles verbunden, der einmal zu unerwünschten Spannungen innerhalb des Stückes führen kann, zum anderen aber auch zu einer Veränderung der mechanischen Eigenschaften (z.B. nach dem Härten oder dem Anlassen), wenn zwischen Rand und Kern noch kein Temperaturausgleich stattgefunden hat. Diese Möglichkeit besteht vor allem bei Erwärmung von Wärmegut, das z.B. dickwandig ist oder große Querschnitte aufweist.

Unter der Voraussetzung, daß das Wärmegut nicht dick sowie seine Wärmeleitzahl groß ist und daher kein beachtenswerter Temperaturunterschied im Werkstück auftritt, gilt für die Dauer der Erwärmung

$$t = \frac{g \cdot c}{\alpha} \cdot \ln \frac{\theta_o - \theta_{wa}}{\theta_o - \theta_{we}} \quad \text{in h}$$

und für die Endtemperatur des Werkstückes

$$\theta_{we} = \theta_o - (\theta_o - \theta_{wa}) \cdot e^{-\frac{\alpha}{g \cdot c} \cdot t} \quad \text{in °C}$$

Tritt der Fall ein, daß infolge der Abmessungen des Wärmegutes oder durch seine geringe Wärmeleitfähigkeit deutliche Temperaturunterschiede zwischen seiner Oberfläche und seinem Kern auftreten, muß diese Änderung durch einen Faktor τ berücksichtigt werden, der in den Exponenten e einbezogen wird.

Für die Erwärmung von in Stapeln verspannten Sägen ist der Unterschied zwischen Oberfläche und Kern von Wichtigkeit. Der größte Temperaturunterschied im Wärmegut berechnet sich wie folgt:

$$\delta\theta_w = n \cdot (1 - \tau) \cdot (\theta_o - \theta_{wa}) \cdot e^{-\frac{\alpha \cdot t \cdot \tau}{g \cdot c}} \quad \text{in °C}$$

$$\delta\theta_w = n \cdot (1 - \tau) \cdot (\theta_o - \theta_{we}) \quad \text{in °C}$$

Die Zeit, die erforderlich ist, um zwischen Rand und Kern des Paketes einen Temperaturausgleich zu erzielen, errechnet sich nach Umstellung dieser Gleichung folgendermaßen:

$$t = \frac{g \cdot c}{\alpha \cdot \tau} \cdot \ln \frac{\theta_o - \theta_{wa}}{\theta_o - \theta_{we}} \quad \text{in h}$$

Bei dieser Berechnung werden ebenso wie bei möglichen zeichnerischen Lösungen einige Ansätze gemacht, die die Genauigkeit der Bestimmung stark beeinflussen: So ist z.B. die Form des Wärmegutes für den Erwärmungsprozeß von Bedeutung; darüberhinaus ist zu berücksichtigen, daß ein Heizgas zunächst abkühlt, wenn ein "kaltes" Wärmegut eingesetzt wird, dessen Temperatur deutlich unter der des Ofens liegt.

Aus den in Abschnitt 7 beschriebenen Betriebsmessungen ist zu entnehmen, an welchem Zeitpunkt der Temperaturausgleich zwischen der Oberfläche des Sägenstapels und der inneren Meßstelle stattgefunden hat. Dieser in praktischen Versuchen ermittelten Aufheizdauer wird nun die analytisch bestimmte Zeitspanne gegenübergestellt.

Die für die Berechnung notwendigen Kenngrößen sind der Literatur zu entnehmen (45) und wurden mit folgenden Beträgen eingesetzt:

Spezifische Wärme c: 0,128 bis 0,177 in kcal/kg °C

Wärmeübergangszahl α: 30 bis 135 in kcal/m²h°C

Wärmeleitzahl λ : 30 bis 41 in kcal/mh°C

Beiwert τ : 0,90 - 0,98

Beiwert n: 2

Einsatzgewicht je Heizfläche g: 369 bis 1474 in kg/m²

Während die spezifische Wärme, die Wärmeübergangszahl und die Wärmeleitzahl temperaturabhängige Größen darstellen, sind der Beiwert n und das Einsatzgewicht/Heizflächenverhältnis g formabhängig. Der Beiwert τ wird von Temperatur <u>und</u> Form beeinflußt.

Die beste Übereinstimmung zwischen den gerechneten und gemessenen Werten ergibt sich stets dann, wenn die temperaturabhängigen Faktoren mit den Größen eingesetzt werden, die der jeweiligen Ofentemperatur entsprechen.

1. Messung

Gemessene Zeit	12 h
Errechnete Zeit	7,6 h
Gemessener Temperaturunterschied	14° C
Errechneter Temperaturunterschied	0,4° C

2. Messung

Gemessene Zeit	8,5 h
Errechnete Zeit	11,14 h
Gemessener Temperaturunterschied	4° C
Errechneter Temperaturunterschied	1,4° C

3. Messung

Gemessene Zeit	8,5 h
Errechnete Zeit	10,0 h
Gemessener Temperaturunterschied	1° C
Errechneter Temperaturunterschied	1,7° C

4. Messung

Gemessene Zeit	7,5 h
Errechnete Zeit	19,0 h
Gemessener Temperaturunterschied	5° C
Errechneter Temperaturunterschied	1,8° C

5. Messung

Gemessene Zeit	6 h
Errechnete Zeit	9,14 h
Gemessener Temperaturunterschied	1° C
Errechneter Temperaturunterschied	1,5° C

6. Messung

Gemessene Zeit	5,5 h
Errechnete Zeit	6,6 h
Gemessener Temperaturunterschied	8° C
Errechneter Temperaturunterschied	0,5° C

7. Messung

Gemessene Zeit	6,5 h
Errechnete Zeit	6,0 h
Gemessener Temperaturunterschied	6° C
Errechneter Temperaturunterschied	0,2° C

8. Messung

Gemessene Zeit	3,5 h
Errechnete Zeit	3,0 h
Gemessener Temperaturunterschied	29° C
Errechneter Temperaturunterschied	0,0° C

Die Messung Nr. 4 kann zur Auswertung nicht herangezogen werden, da - wie in Abschnitt 7 bereits beschrieben - kein kontinuierlich verlaufender Aufheizvorgang stattgefunden hat. Der Vergleich der gemessenen und der errechneten Aufwärmzeit bis zum Temperaturausgleich zeigt bei allen übrigen Versuchen, daß die theoretisch bestimmte Zeit bis auf einen Fall (Messung Nr. 1) stets größer ist als die tatsächliche.

Bei Betrachtung der gemessenen und errechneten Temperaturunterschiede im Stapel ist festzustellen, daß die im Versuch gefundenen Abweichungen jeweils größer sind als die theoretisch ermittelten; der absolute Betrag dieser Differenz ist jedoch relativ gering.

Neben den bereits vorab erwähnten Unsicherheiten bei den theoretischen Ansätzen kommt bei den Versuchen in den Betrieben hinzu, daß die innere Meßstelle nicht genau im Mittelpunkt des Stapels angebracht werden konnte.

Ferner hat sich gezeigt, daß die Lage des Paketes im Ofenraum, d.h. die Möglichkeit der ungehinderten Umspülung des Wärmegutes durch das Heizgas, eine entscheidende Rolle für den Ablauf des Aufheizvorganges spielt. Die beste Übereinstimmung zwischen gemessenen und errechneten Werten ergibt sich nämlich dann, wenn als Heizfläche ausschließlich die Mantelfläche des Paketes für die Berechnung verwendet wird. Das heißt einmal, daß die Erwärmung über die Stirnfläche des Stapels nur sehr zögernd erfolgt; dies ist dadurch zu erklären, daß der Wärmeübergang von Werkzeug zu Werkzeug durch Zunder, Ölrückstände und Trennfugen stark gehindert wird. Zum anderen bedeutet es, daß die Mantelfläche, die für den Aufheizvorgang offensichtlich die größte Bedeutung besitzt, an allen ihren Stellen dem Heizgas zugänglich sein muß. Jede Verkleinerung dieser Fläche, wie es geschehen kann, wenn das Wärmegut z.B. der Ofenwand oder benachbarten Teilen zu nahe kommt, verlängert die erforderliche Aufheizzeit bis zum Temperaturausgleich deutlich.

9. Zusammenfassung

Eine Untersuchung des Anlaßvorganges ist ohne Behandlung der vorhergegangenen Härtung nicht möglich.

Aus diesem Grunde wurde von den 3 zu untersuchenden Werkstoffen 75 Cr 1 (Werkstoff-Nr. 1.2003), 80 CrV 2 (Werkstoff-Nr. 1.2235) und 73 WCrMoV 2 2 (Werkstoff-Nr. 1.2604) zunächst der Bereich der günstigsten Härtetemperatur bestimmt.

Die maximal erreichbare Härte nach dem Abschrecken sowie die danach vorliegende Gefügeausbildung waren für die Festlegung der unteren und oberen Temperaturgrenze ausschlaggebend; für die Stähle 80 CrV 2 und 73 WCrMoV 2 2 ist dabei eine Temperaturspanne von 800° C bis 860° C, für den Werkstoff 75 Cr 1 eine von 770° C bis 830° C ermittelt worden.

Mit Proben dieses Härtebereiches wurden Anlaßversuche unternommen, bei denen unter jeweils gleichbleibender Anlaßtemperatur die Zeiten stets von 2,5 min bis 320 min verdoppelt wurden. Dabei fällt bei allen Stählen die Härte recht gleichmäßig ab. Entsprechend den Härtewerten verringern sich ebenfalls die 0,1 mm - Biegegrenze und die Biegefestigkeit bei Verdoppelung der Anlaßzeiten. Die Biegewechselfestigkeit der Stähle 75 Cr 1 und 80 CrV 2 wird in gleichem Maße kleiner; für den Werkstoff 73 WCrMoV 2 2 kann dabei keine Aussage gemacht werden, da zu große Streuungen aufgetreten sind.

Für ein durchgreifendes Anlassen der Werkzeuge ist eine Mindestzeit von 1/2 h erforderlich (Haltezeit auf Temperatur), die bis zu 1 h ausgedehnt werden kann, bevor der aufgezeigte Härteabfall einsetzt.

Die Beziehung $P = T \cdot (c + \log t)$ bildet die Grundlage dafür, daß bei Kenntnis der Werkstoffgröße "c" Anlaßzeit und Anlaßtemperatur in gewissen Grenzen ausgetauscht werden können, wenn die Anlaßzustände der Proben gleich sind. Mit 10,53 (75 Cr 1), 13,95 (80 CrV 2) und 14,64 (73 WCrMoV 2 2) ist dieser dimensionslose Faktor für die hier untersuchten Stähle ermittelt worden.

In Dilatometerversuchen wurde die Lage der einzelnen Anlaßstufen sowohl bei "kontinuierlichem" Anlassen - Aufheizen der Proben von Raum- auf Anlaßtemperatur - als auch bei "isothermem" Anlassen - Einsetzen der Proben in den aufgeheizten Ofen - untersucht.

Stirnabschreckversuche (nach Jominy) mit anschließender Anlaßbehandlung dienen zur Bestimmung der erreichbaren Einhärtetiefe bei den geprüften Werkzeugstählen.

Abschließend sind in Wärmebehandlungsanlagen verschiedener Betriebe Messungen unternommen worden, die den wahren zeitlichen Temperaturverlauf in verspannten Kreissägestapeln wiedergeben. Dazu wurde im oberen, mittleren und unteren Bereich eines Paketes je eine Meßronde eingelegt, an der in verschiedenen Außenrandabständen 4 Mantelthermoelemente angebracht waren. Zwei Drucker zeichneten den Temperaturverlauf an diesen 12 Punkten kontinuierlich auf. Nur in einem Fall wird die Anlaßtemperatur zwar erreicht, aber nicht lange genug gehalten. Bei allen übrigen Messungen ist die Anlaßdauer richtig oder sogar recht großzügig bemessen worden; eine Verringerung der Zeit erscheint dabei oft möglich. Die dann jedoch erforderliche Erhöhung der Temperatur muß allerdings auf ihre Wirtschaftlichkeit hin überprüft werden.

Auffallend ist die breite Palette verschiedenartiger Werkzeuge, die in den Betrieben wärmebehandelt werden: Maße, Werkstoffe und Härtewerte erfordern recht unterschiedliche Anlaßtemperaturen und -haltezeiten.

Durch eine analytische Berechnung des Aufheizvorganges ist es möglich, den Zeitpunkt des Temperaturausgleiches annähernd zu bestimmen. Dabei ist als Heizfläche stets die Mantelfläche allein in die Rechnung einzusetzen, da sie offensichtlich für den Wärmetransport die größte Bedeutung besitzt. Auf diese Art und Weise kann die erforderliche Anlaßzeit eines Paketes bestimmter Größe unter Berücksichtigung eines gewissen Streubereiches festgelegt werden.

10. Folgerungen für die Praxis

10.1 Die Einhaltung einer geeigneten Härtetemperatur und Liegezeit ist Voraussetzung für einen danach einwandfrei ablaufenden Anlaßvorgang.

10.2 Beim Anlassen auf einen bestimmten Härtewert muß das Werkzeug an jeder Stelle mindestens 1/2 h lang auf Anlaßtemperatur gehalten werden. Nach ca. 1 h fällt bei Verdoppelung der Zeit die Härte dann gleichmäßig ab.

10.3 Entsprechend der Verringerung der Härte vermindern sich auch die Werte für die Biegefestigkeit, 0,1 mm - Biegegrenze und Biegewechselfestigkeit.

10.4 Unter Kenntnis eines werkstoffabhängigen Faktors ist es möglich, zur Erzielung eines gleichen Anlaßzustandes Anlaßzeit und -temperatur in gewissen Grenzen gegeneinander auszutauschen ($P = T \cdot (c + \log t)$).

10.5 Je nach Beschickung des Ofens und den Abmessungen der darin angelassenen Werkzeuge sind recht unterschiedliche Aufheiz- und Haltezeiten erforderlich. Kreissägen mit einem Durchmesser von 600 mm erfordern je nach Temperatur z.B. Gesamtwärmzeiten von 10 bis 13 h.

10.6 Als besonders günstig bezüglich der benötigten Gesamtzeiten erweist es sich, wenn die Werkzeuge nach dem Härten möglichst schnell in recht heißem Zustand in einen hoch vorgewärmten Ofen eingesetzt werden.

10.7 Eine analytische Berechnung der für einen vorgespannten Stapel bestimmter Abmessungen erforderlichen Aufheizzeit erscheint gemäß folgender Gleichung annäherungsweise möglich:

$$t = \frac{g \cdot c}{\alpha \cdot \tau} \cdot \ln \frac{\theta_o - \theta_{wa}}{\theta_o - \theta_{we}} \quad \text{in h}$$

Zur Bemessung der Anlaßzeit sollten der so ermittelten Durchwärmzeit ca. 2 h zugerechnet werden.

10.8 Beim Beschicken des Ofens ist darauf zu achten, daß die Mantelfläche des Stapels von den Ofengasen ungehindert und möglichst gleichmäßig umspült werden kann.

10.9 Stirnabschreckversuche zeigen, daß die untersuchten Stähle mit mind. 5,0 mm Einhärtetiefe für Werkzeuge bis zu 10 mm Dicke gut geeignet sind und eine Durchhärtung stets gewährleistet ist.

10.10 Bei konstanter Anlaßtemperatur wird der angestrebte Härtewert bei einer Haltezeit von 15 bis 30 Minuten (Stahl 75 Cr 1) und 30 bis 60 Minuten (Stähle 80 CrV 2 und 73 WCrMoV 2 2) erzielt.
Die Messungen in den Betrieben zeigen, daß nach Erreichen der Anlaßtemperatur innerhalb der Stapel die Temperaturverteilung keine größeren Differenzen aufweist, deren Unterschiede nicht innerhalb dieser Zeitspannen ausgeglichen werden können.

11. Schrifttum

1. DOMINICUS, M.
Handbuch über Sägen
IMO-Druckerei Carl H. Vollmer, Wuppertal-Barmen, 1941

2. WÜSTER, E.
Die Herstellung der Sägeblätter für Holz
Springer-Verlag Wien, 1952

3. SLAWSON, Th.
Automated Martempering of Circular Saws
Industrial Heating 1976, 1, 10-15

4. HOUDREMONT, E.
Handbuch der Sonderstahlkunde
Springer-Verlag Berlin/Göttingen/Heidelberg 1956

5. SCHRADER, A. u. ROSE, A.
De ferri metallographia II
Verlag Stahleisen Düsseldorf, 1966

6. HORSTMANN, D.
Das Zustandsschaubild Eisen-Kohlenstoff und die Grundlagen der Wärmebehandlung der Eisen-Kohlenstoff-Legierungen
Verlag Stahleisen Düsseldorf, 1961

7. Werkstoff-Handbuch Stahl und Eisen
Verlag Stahleisen Düsseldorf, 1965

8. VÖHRINGER, U. u. MACHERAUCH, E.
Struktur und mechanische Eigenschaften von Martensit
Härterei-Technische-Mitteilungen 32 (1977) 4, 153-202

9. BERNS, H.
Martensit in Eisenlegierungen
Zeitschrift für wirtschaftliche Fertigung 69 (1974), 8, 383-388

10. CRAFTS, W. u. Lamont, L.
Härtbarkeit und Auswahl von Stählen,
Springer-Verlag Berlin/Göttingen/Heidelberg, 1954

11. MASING, G.
Grundlagen der Metallkunde
Springer-Verlag Berlin/Göttingen/Heidelberg, 1955

12. RAPATZ, F.
Die Edelstähle
Springer-Verlag Berlin/Göttingen/Heidelberg, 1962

13. Stahl-Eisen-Liste, 6. Auflage (1977)
Verlag Stahleisen Düsseldorf, 1977

14. DIN 8085, Beiblatt
Maschinenwerkzeuge für die spanende Bearbeitung von Holz, Kunststoffen und ähnlichen Werkstoffen
Beuth-Verlag Berlin u. Köln

15. DIN 5134, Teil 4
Sägeblätter für Holz
Beuth-Verlag Berlin u. Köln

16. v.d. NAHMER, G.
Der Weg zu den verschiedenen Sägen mit Spezialwerkzeugstählen von Südwestfalen
Sie und Wir, Heft Nr. 1475, April 1975
Hausmitteilungen der Stahlwerke Südwestfalen

17. HAUFE, W.
Schnellarbeitsstähle
Carl Hanser Verlag München, 1972

18. HOLLOMON, H.J. u. JAFFE, D.L.
Time-temperature Relations in Tempering Steel
Trans. Am. Inst. Min. Met. Eng. 162 (1945), 223-249

19. ROBERTS, G.A., GROBE, A.H. u. MOERSCH, C.F.
The Tempering of High Alloy Tool Steels
Trans. Amer. Soc. Met. Vol. 39 (1947), 521-548

20. BUNGARDT, K., HOCH, G. u. MÜLDERS, O.
Einfluß der Wärmebehandlung auf die Zugfestigkeit und Kerbschlagzähigkeit von Warmarbeitsstählen,
Stahl und Eisen 75 (1955), 16, 1035-1046

21. Stahl-Eisen-Werkstoffblatt 250-70
Warmarbeitsstähle
Verlag Stahleisen Düsseldorf

22. MÜLDERS, O. u. MEYER-RHOTERT, R.
Statische Biegeeigenschaften von Kaltarbeitsstählen
DEW Technische Berichte 1 (1961), 3, 96-105

23. SCHMIDT, W.
Biege- und Verdrehversuch
Maschinenmarkt 75 (1969), 43, 912-917

24. SCHMIDT, W.
Die Beeinflussung der mechanischen Eigenschaften gehärteter und angelassener unlegierter Kohlenstoffstähle durch die Prüftemperatur und den Spannungszustand,
Dissertation TH Aachen 1972

25. HOYLE, G. u. INESON, E.
A Modified Bend Test for Hardened Tool Steels
Journal Iron Steel Inst. 191 (1959), 44-55

26. BARZ, E. u. MÜNZ, U.V.
Zur Frage der Rißerscheinung in Kreissägeblättern
Die Holzbearbeitung 17 (1970), 4, 33-36

27. Atlas zur Wärmebehandlung der Stähle
Verlag Stahleisen Düsseldorf, 1961

28. RANDAK, A. u. VETTER, K.
Prüfung der Härtbarkeit schwach einhärtender Stähle mit abgeänderten Stirnabschreckproben
Archiv f.d. Eisenhüttenwesen 43 (1972), 10, 763-768

29. TACKE, G.
Untersuchung über die Streuspanne bei Einsatz- und Vergütungsstählen
Stahl und Eisen 98 (1978), 7, 356-361

30. DIN 50 191
Prüfung von Eisenwerkstoffen - Stirnabschreckversuch
Beuth-Verlag Berlin/Köln

31. Euronorm 23-71
Prüfung der Härtbarkeit von Stahl mit dem Stirnabschreckversuch (Jominy-Versuch)
Beuth-Verlag Berlin/Köln

32. HOUGARDY, H.P.
Die Darstellung des Umwandlungsverhaltens von Stählen in den ZTU-Schaubildern
Härterei-Technische-Mitteilungen 33 (1978), 2, 63-114

33. SCHMIDT, P.W.
Zeit-Temperatur-Auflösungs- und Umwandlungs-Schaubilder
Das Industrieblatt 63 (1963), 6, 383-390

34. STÜDEMANN, H.
Wärmebehandlung von Stahl, Gußeisen und Nichteisenmetallen
Carl Hanser Verlag München, 1967

35. STAUDINGER, H.
Wärmebehandlung von Stählen und Schweißverbindungen
wt-Z ind. Fertig. 63 (1973), 8, 445-452

36. BECKER, H.-J.
Beitrag zur Wärmebehandlung von Werkzeugstählen,
Härterei-Technische-Mitteilungen 26 (1971),1 , 9-18

37. ROSE, A. u. STRASSBURG, W.
Anwendung des Zeit-Temperatur-Umwandlungs-Schaubildes für kontinuierliche Abkühlung auf Fragen der Wärmebehandlung
Archiv f.d. Eisenhüttenwesen 24 (1953), 11/12, 505-514

38. v.d. NAHMER, G.
Persönliche Information
Krupp Hüttenwerke, Südwestfalen, 1976

39. RADEMACHER, L.
Anlassen von Martensit und Bainit
Vergüten oder Verspröden ?
Teil 1: Praktische Beispiele für die Gebrauchseigenschaften
HTM 33 (1978), 5, 241-251

40. HOUGARDY, H.P.
Anlassen von Martensit und Bainit
Vergüten oder Verspröden ?
Teil 2: Erläuterungen der Vorgänge aus den Gefügen
HTM 33 (1978), 5, 232-259

41. RADEMACHER, L.
Über einige werkstoffbedingte Versprödungserscheinungen bei vergüteten Baustählen
TEW Technische Berichte 1 (1975), 1, 26-33

42. BELOUS, M.V., CEREPIN, V.T. u. VASILEV, M.A.
Umwandlungen beim Anlassen von Stahl
VEB Verlag Technik Berlin, 1978

43. GRIGULL, U.
Die Grundgesetze der Wärmeübertragung
Springer-Verlag Berlin/Göttingen/Heidelberg 1963

44. SENKARA, T.
Wärmetechnische Rechnungen für gas- und ölbeheizte Wärmeöfen
Vulkan-Verlag Essen, 1977

45. HEILIGENSTAEDT, W.
Wärmetechnische Rechnungen für Industrieöfen
Verlag Stahleisen Düsseldorf, 1951

46. WESEMANN, Fr.
Zusammenhänge zwischen der Durchwärmung des Walzgutes und dem Stoßofenbetrieb
Archiv f.d. Eisenhüttenwesen 2 (1929), 11, 707-724

47. SCHACK, A.
Versuche über den Wärmeübergang in Walzwerksöfen unter Berücksichtigung der Durchwärmung der Blöcke
Archiv f.d. Eisenhüttenwesen 4 (1931), 7, 333-342

48. SCHWIEDESSEN, W.
Die Temperatur- und Wärmeübergangsverhältnisse im Arbeitsraum des Industrieofens
Archiv f.d. Eisenhüttenwesen 11 (1938), 8, 363-374

49. JESCHAR, R. u. SCHUPE, W.
Herleitung eines effektiven Strahlungskoeffizienten für Feuerräume zur vereinfachten Berechnung von Industrieöfen
gas wärme international 22 (1973), 12, 473-477

50. HELL, F.
Grundlagen der Wärmeübertragung
VDI-Verlag Düsseldorf 1973

Nachtrag zum Sachgebiet "Trennsägen":

N.N.
Das Schneiden mit der Trennmaschine
Industrie-Rundschau 10 (1955), 3, 17-18

N.N.
Funktion und Wirkungsweise neuzeitlicher Trennmaschinen
Allg.Schlosser- u. Maschinenbauer-Zeitung 63 (1961), 3, 93-94

N.N.
Metallsägen I
Mechanical World 142 (1962), 3520, 352-353

N.N.
Schmelzspansägen
Machines Francaises (1963), 42, 65-67

HAKE, O.
Moderne Trennverfahren
Industrie-Anzeiger 11 (1958), 23

HÄRTL, D.
Untersuchungen an Trennsägen
Diplomarbeit, Inst. f. bilds. Formgebung TH Aachen, (1958)

NAUCK, A.K.
Funktion und Wirkungsweise neuzeitlicher Trennmaschinen und Streifenscheren
Automatisierung 8 (1963), 9, 20-22

WOLF, A. u. HÄRTL, D.
Das Kaltschneiden von Walzprofilen mit Trennsägen
VDI-Zeitschrift 100 (1958), 30, 1437-1443

BARZ, E. u. OBERWINTER, K.
Über Vorgänge beim Schmelzsägen
Werkstattstechnik 56 (1966), 1, 13-21

Bilder

Bild 1 Vorrichtung ("Quette") zum Abschrecken von Kreissägeblättern unter Druckspannungen

Bild 2 Verspannte Stapel von gehärteten Kreissägeblättern vor dem Anlassen

Gefügeausbildung der untersuchten Werkstoffe
im Anlieferungszustand "weichgeglüht"

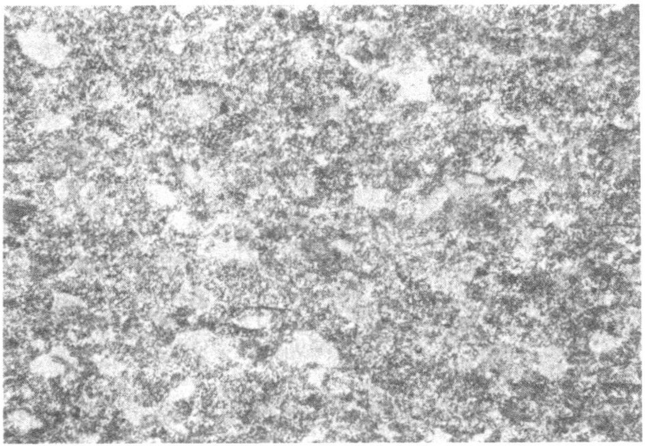

Bild 3

Stahl
75 Cr 1
(1.2003)

Bild 4

Stahl
80 CrV 2
(1.2235)

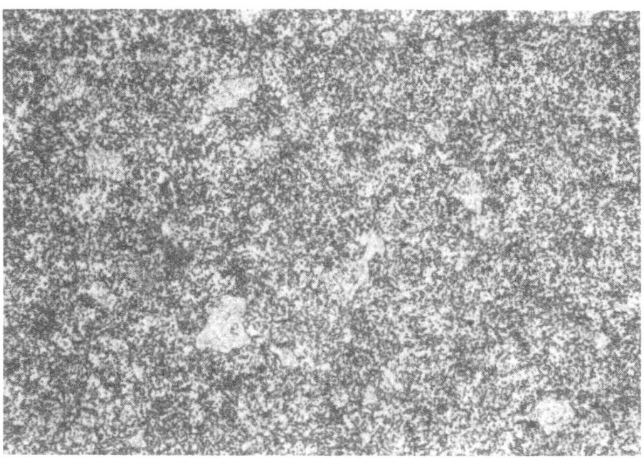

Bild 5

Stahl
73 WCrMoV 2 2
(1.2604)

V = 500 : 1

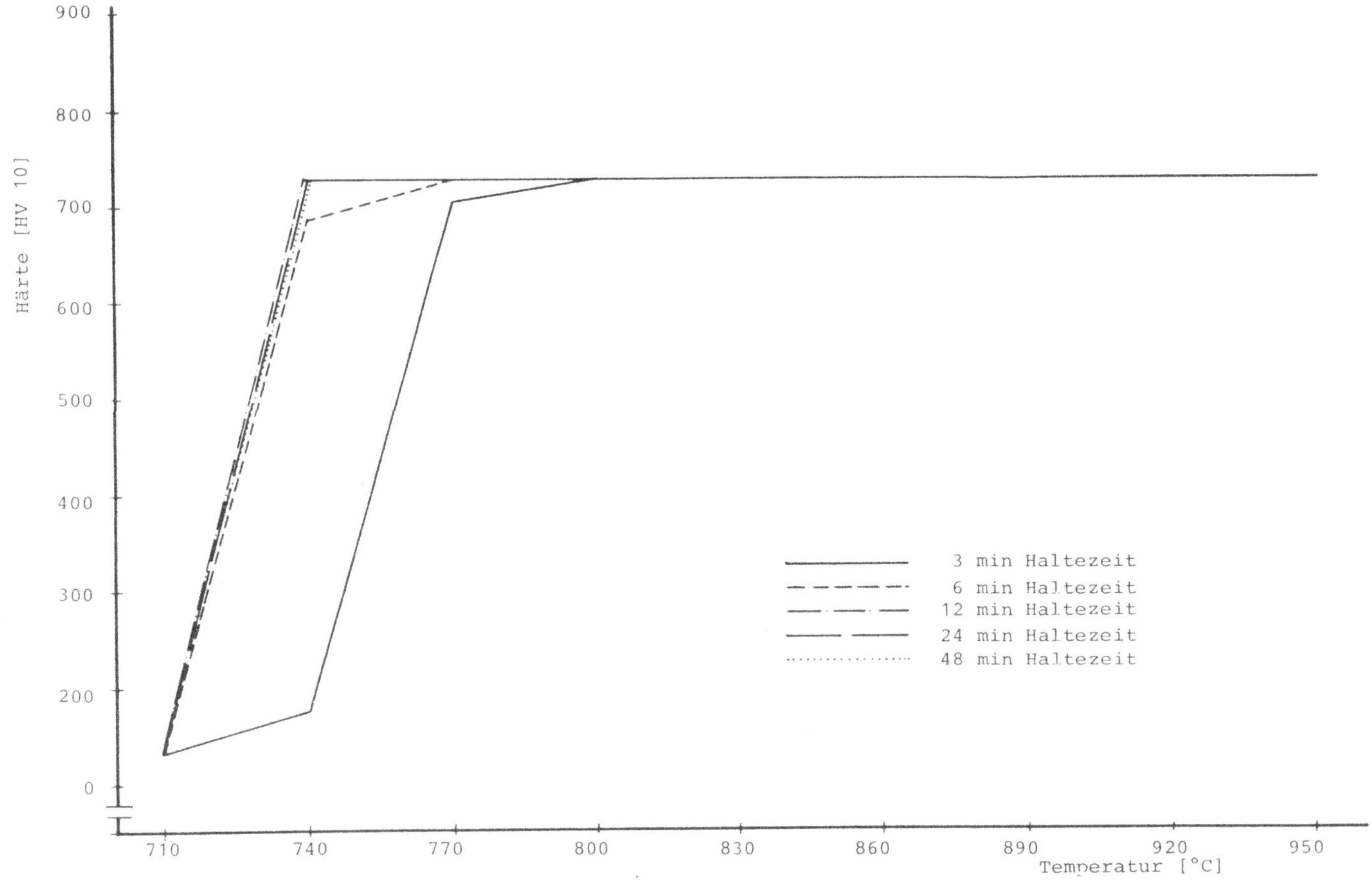

Bild 6 Einfluß der Austenitisierungstemperatur auf die Härte bei verschiedenen Haltezeiten
Stahl 75 Cr 1 (1.2003)

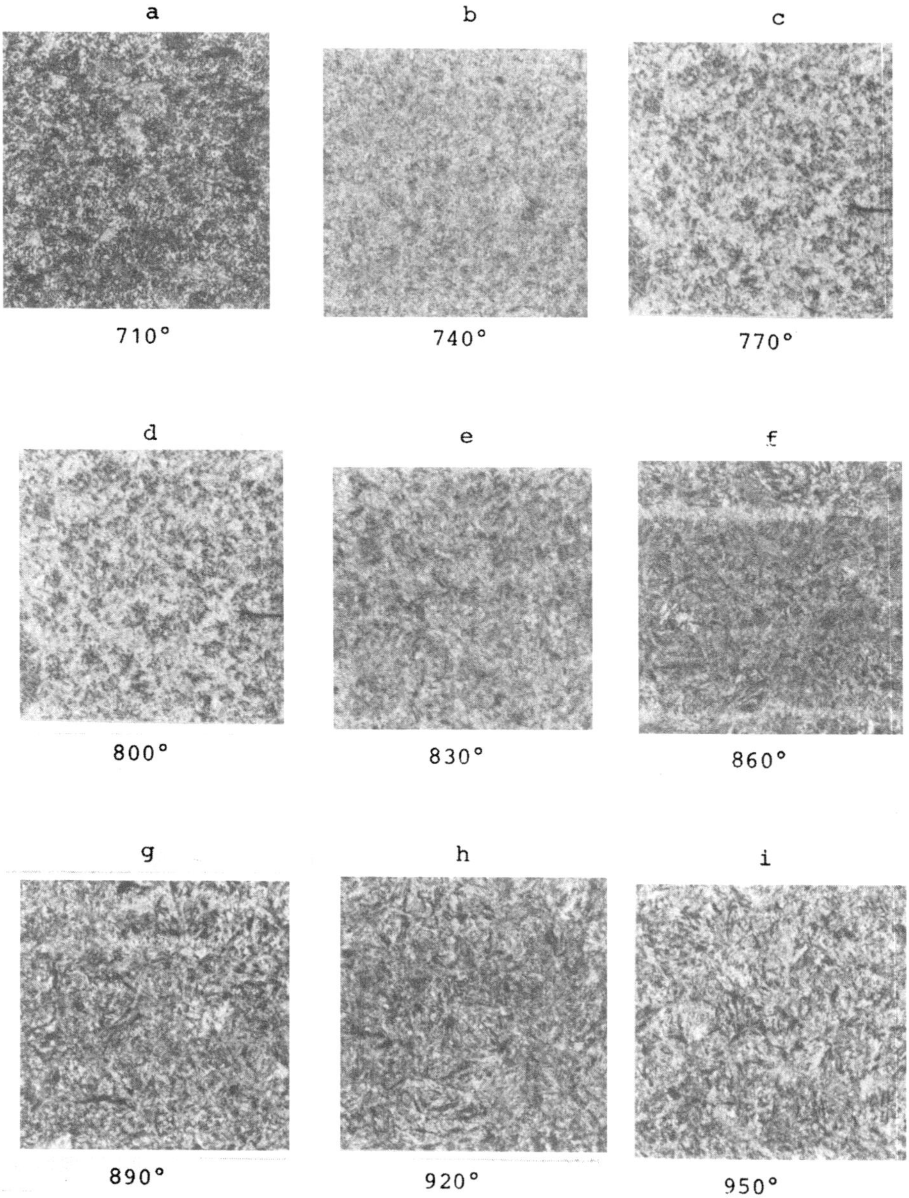

Bild 7 Einfluß der Austenitisierungstemperatur auf die Gefügeausbildung bei dem Stahl 75 Cr 1 (1.2003)
V = 500 : 1

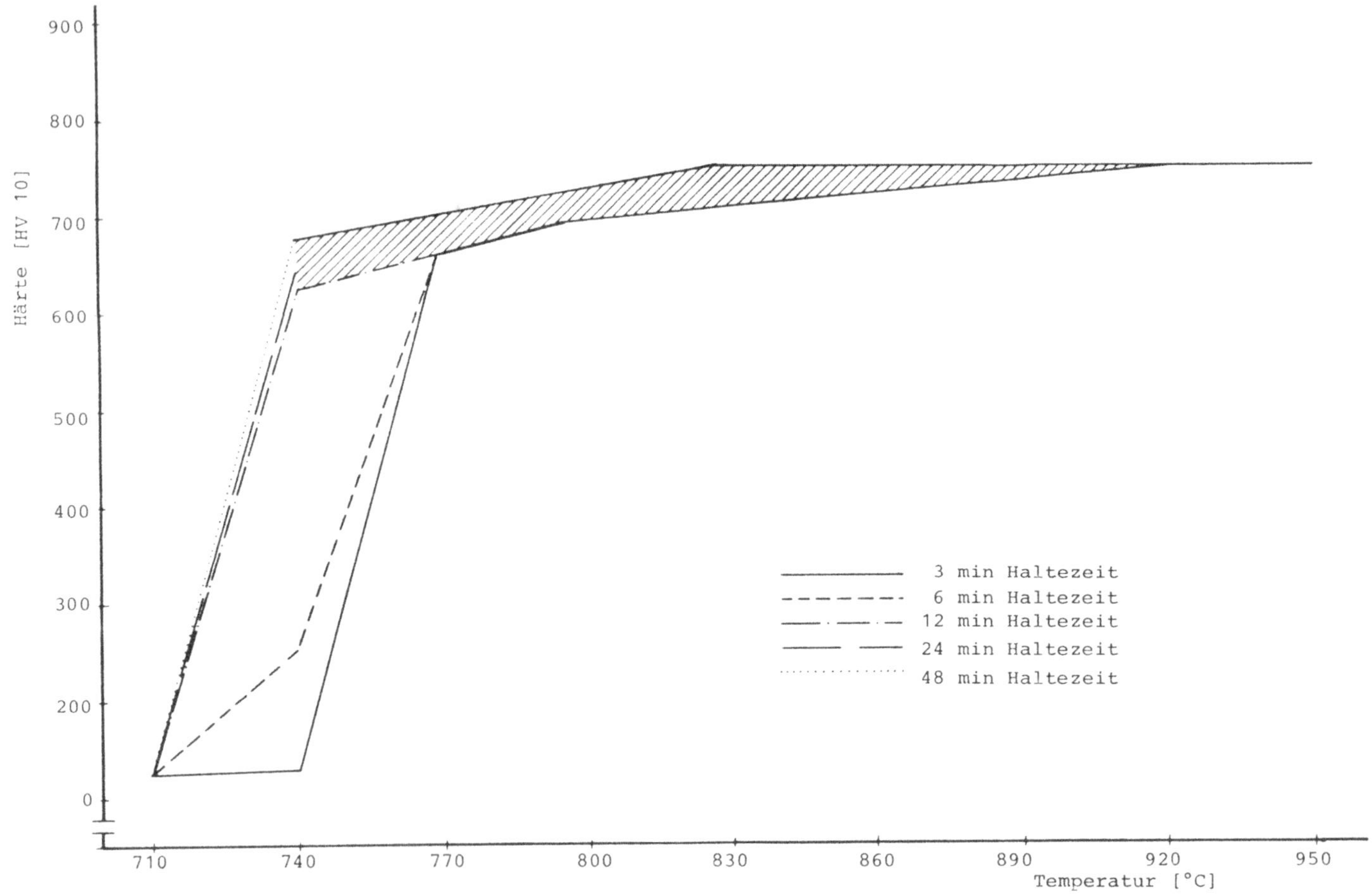

Bild 8 Einfluß der Austenitisierungstemperatur auf die Härte bei verschiedenen Haltezeiten
Stahl 80 CrV 2 (1.2235)

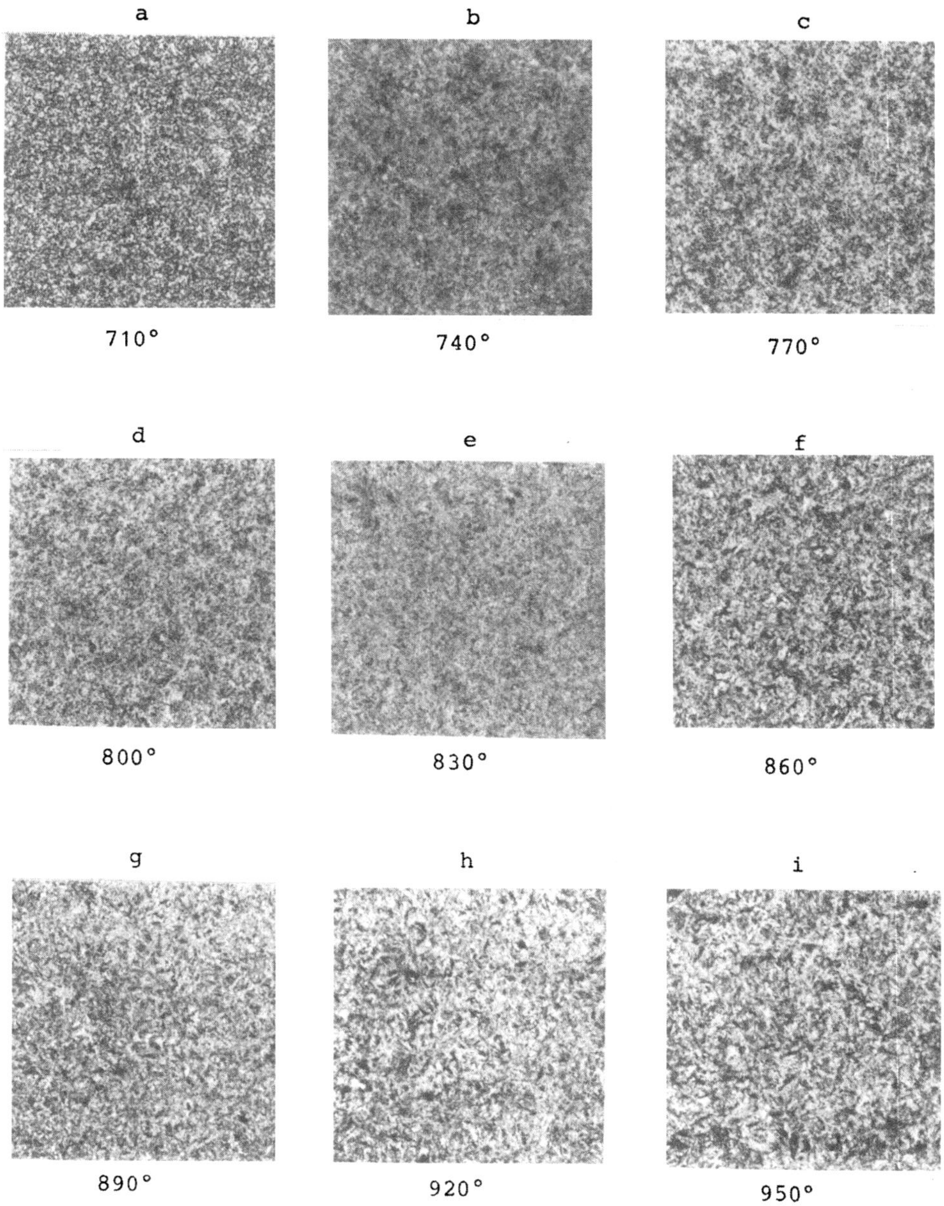

Bild 9 Einfluß der Austenitisierungstemperatur auf die Gefügeausbildung bei dem Stahl 80 CrV 2 (1.2235)
V = 500 : 1

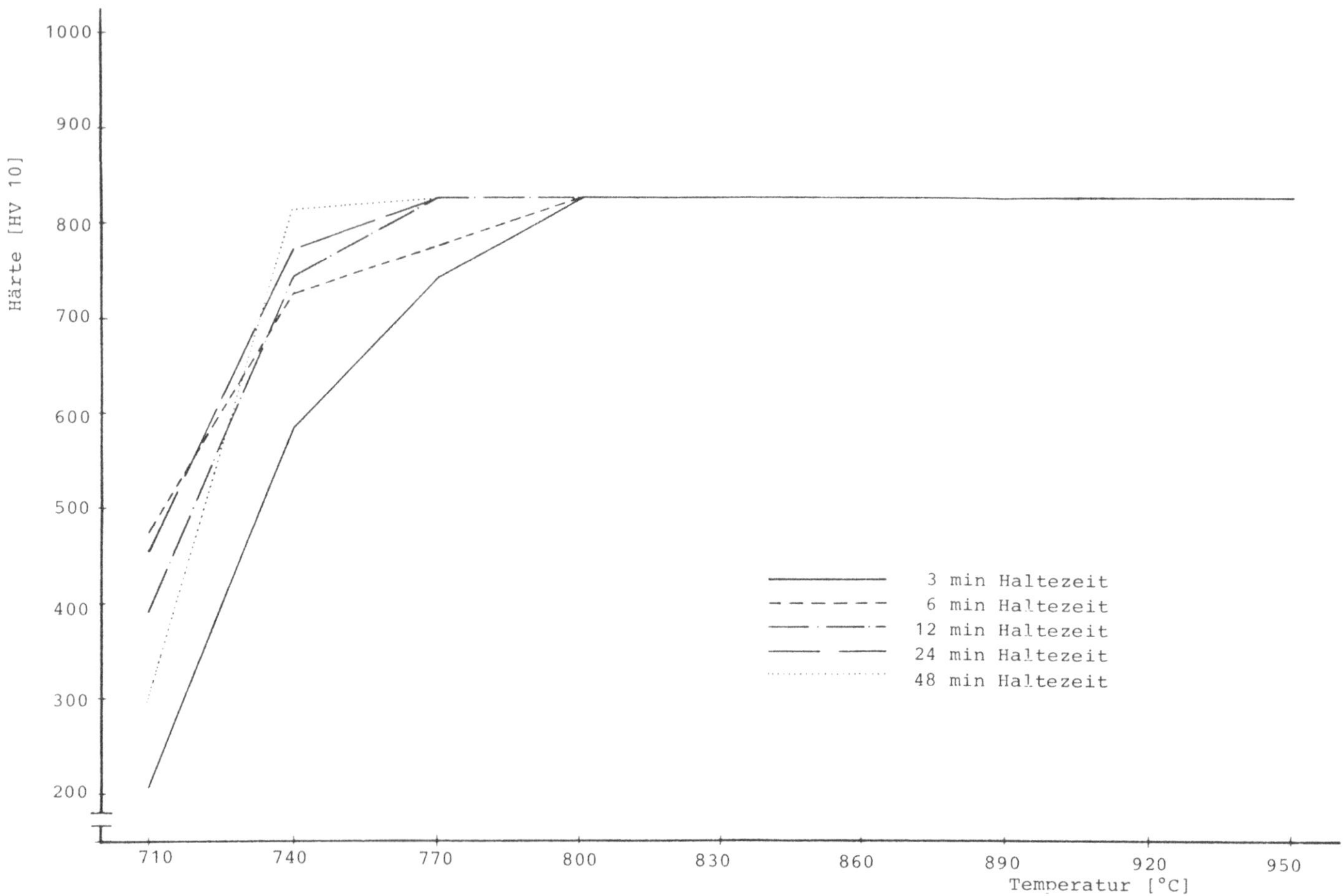

Bild 10 Einfluß der Austenitisierungstemperatur auf die Härte bei verschiedenen Haltezeiten
Stahl 73 WCrMoV 2 2 (1.2604)

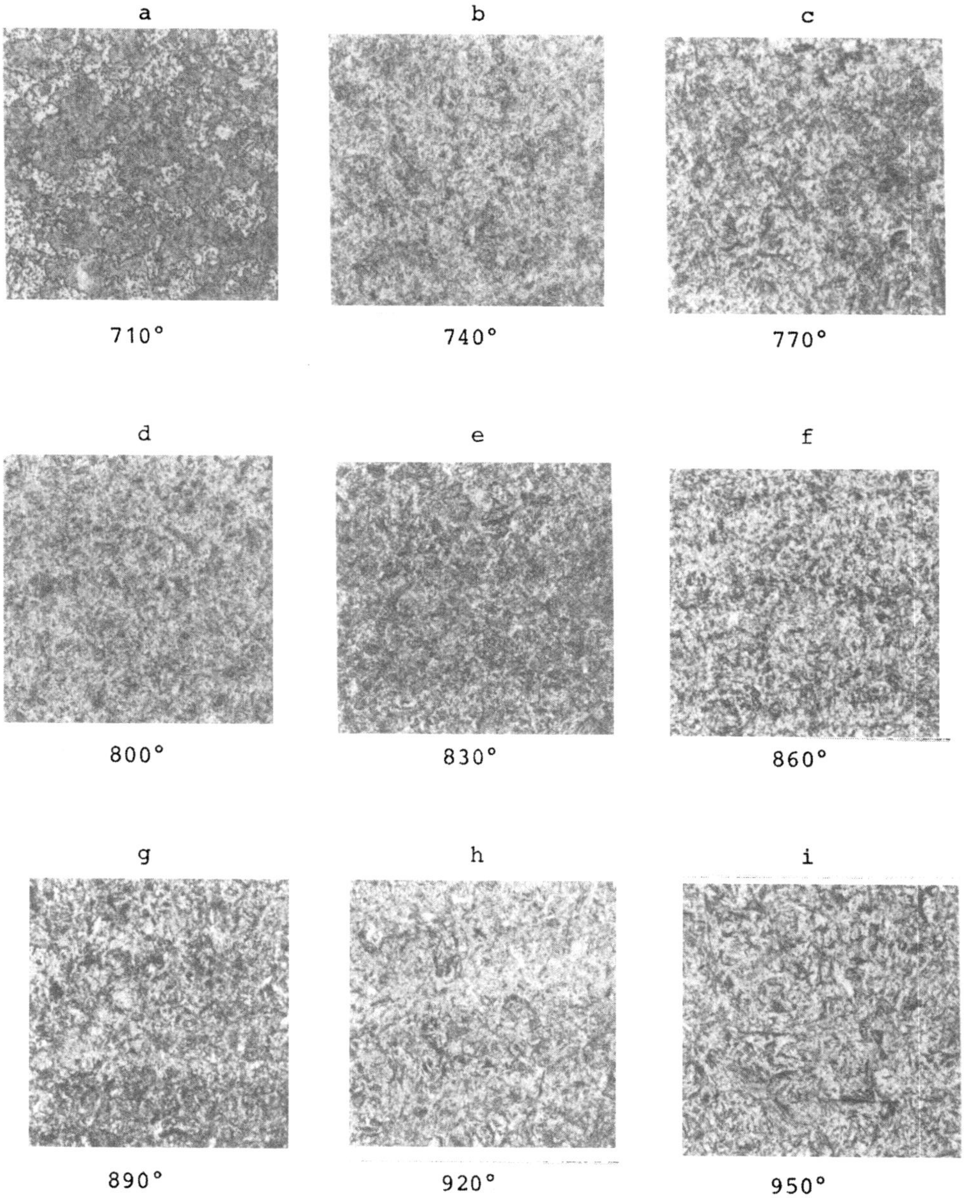

Bild 11 Einfluß der Austenitisierungstemperatur auf die Gefügeausbildung bei dem Stahl 73 WCrMoV 2 2 (1.2604)
V = 500 : 1

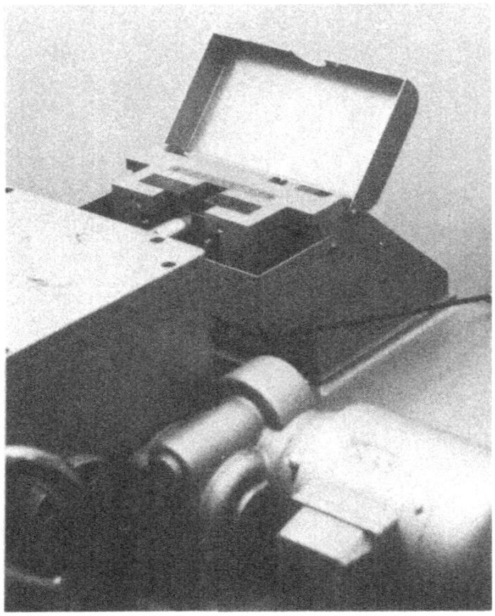

Bild 12 Vorrichtung zur Durchführung von statischen Biegeversuchen

Bild 13 Vorrichtung zur Durchführung von Biegewechselversuchen

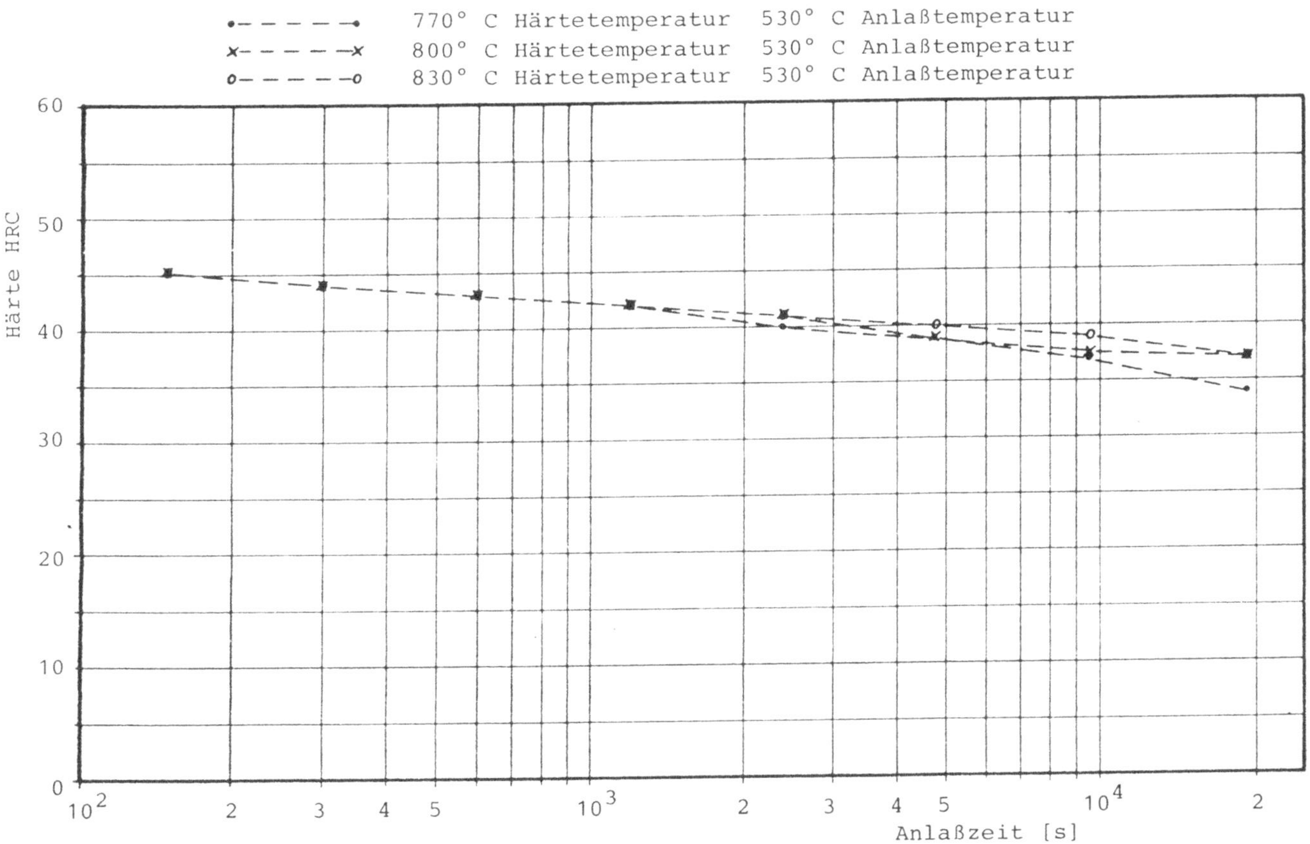

Bild 14 Einfluß der Anlaßzeit auf die Härte nach dem Abschrecken von verschiedenen Austenitisierungstemperaturen, Stahl 75 Cr 1 (1.2003)

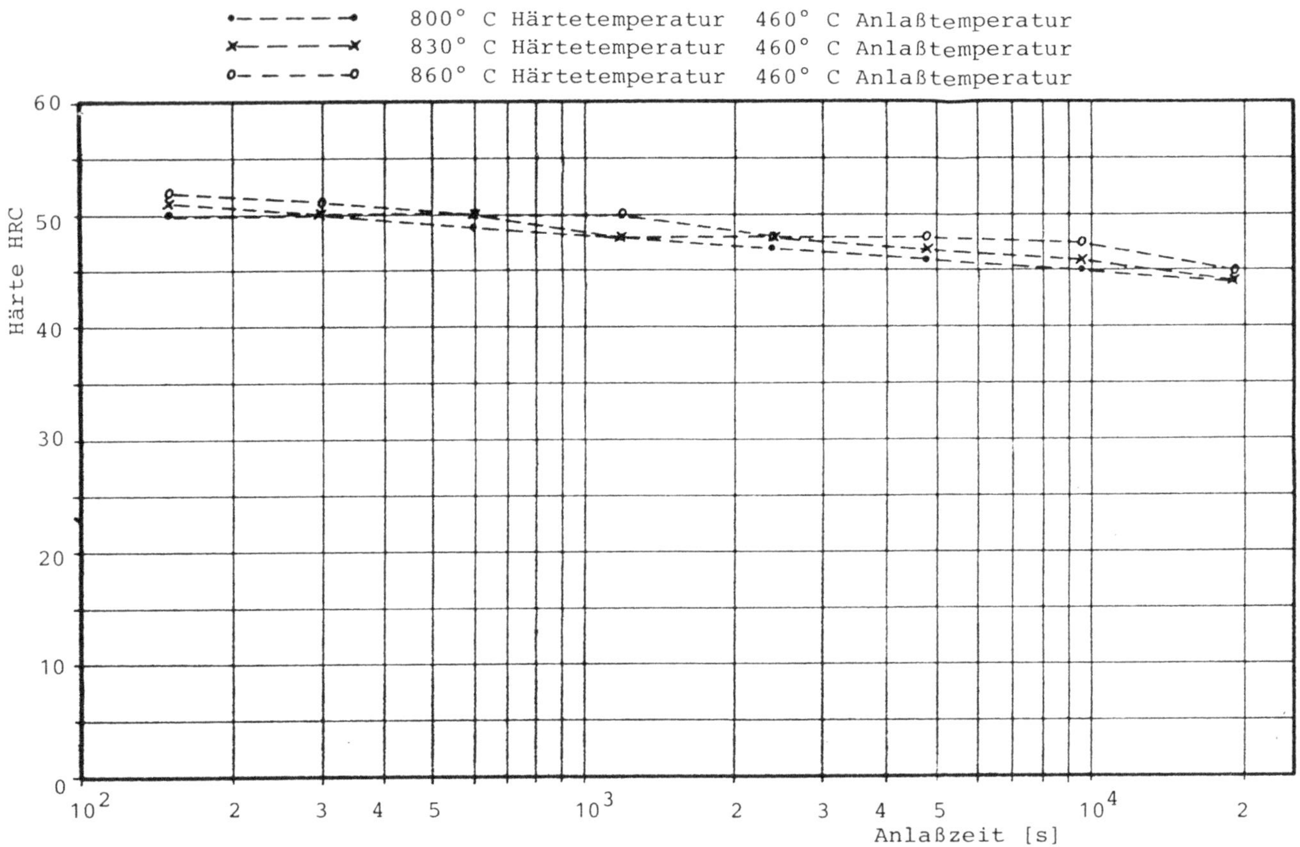

Bild 15a Einfluß der Anlaßzeit auf die Härte nach dem Abschrecken von verschiedenen Austenitisierungstemperaturen, Stahl 80 CrV 2 (1.2235)

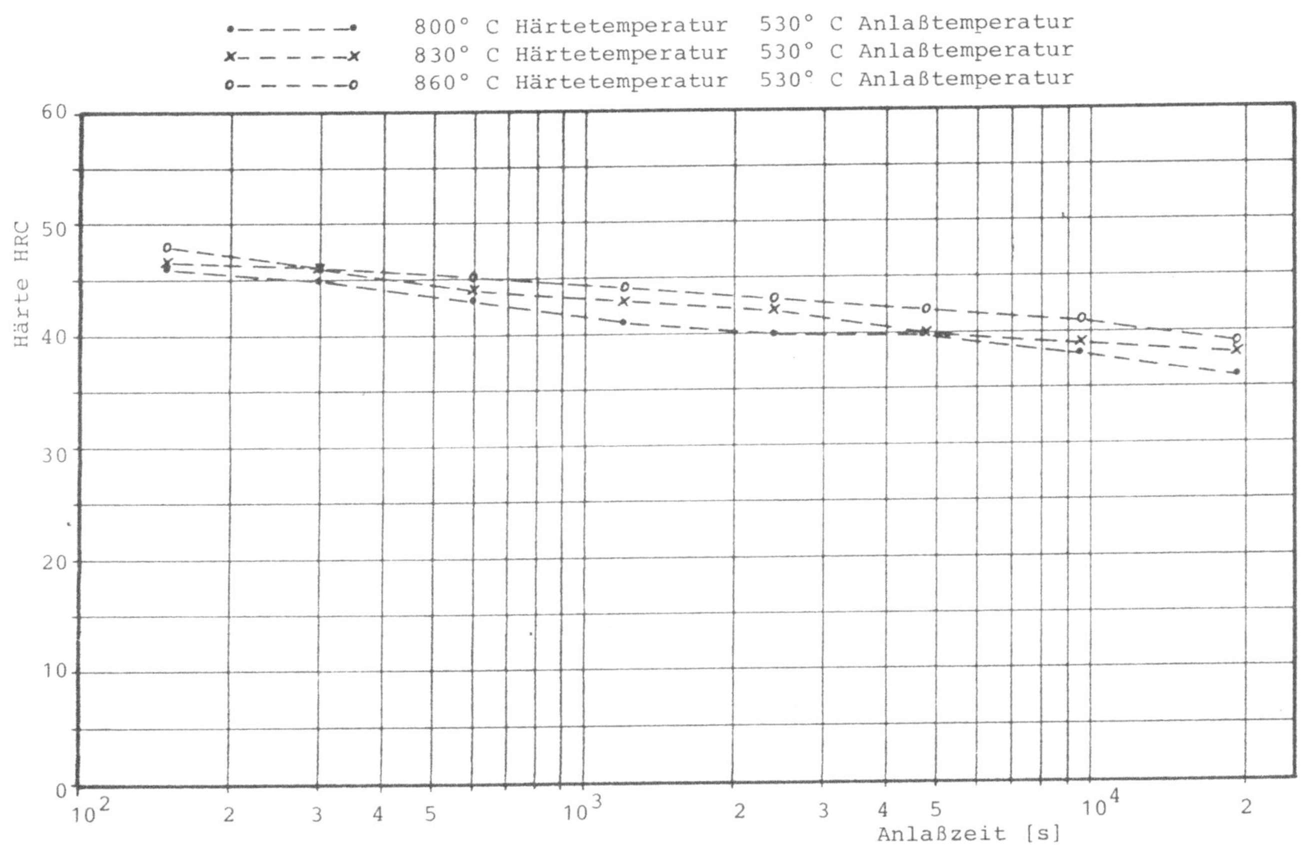

Bild 15b Einfluß der Anlaßzeit auf die Härte nach dem Abschrecken von verschiedenen Austenitisierungstemperaturen, Stahl 80 CrV 2 (1.2235)

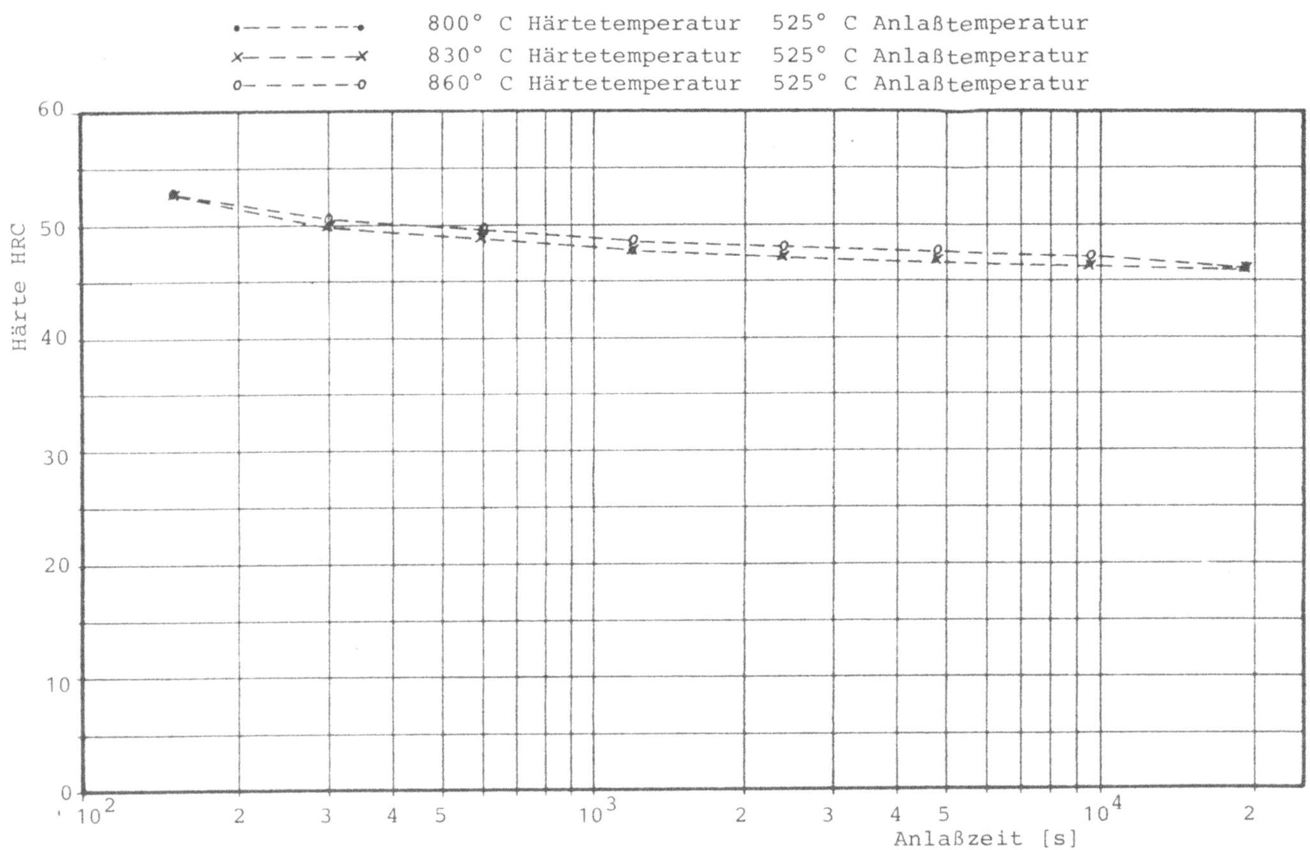

Bild 16a Einfluß der Anlaßzeit auf die Härte nach dem Abschrecken von verschiedenen Austenitisierungstemperaturen, Stahl 73 WCrMoV 2 2 (1.2604)

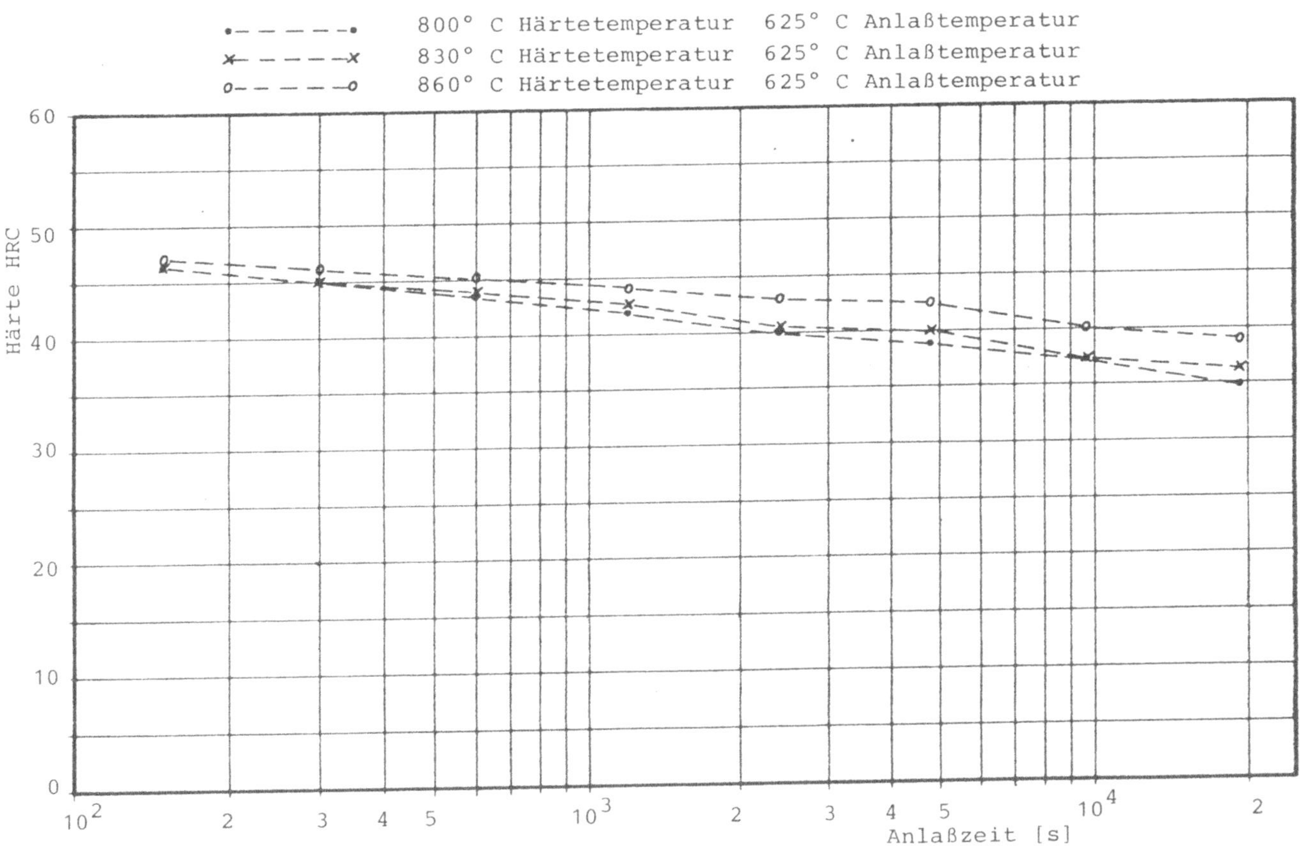

Bild 16b Einfluß der Anlaßzeit auf die Härte nach dem Abschrecken von verschiedenen Austenitisierungstemperaturen, Stahl 73 WCrMoV 2 2 (1.2604)

Gefügeausbildung des Stahles 73 WCrMoV 2 2 nach 2,5 min (Bild 17) und 320 min (Bild 18) Anlaßdauer

Rasterelektronenmikroskopische Aufnahmen
V = 14000 : 1

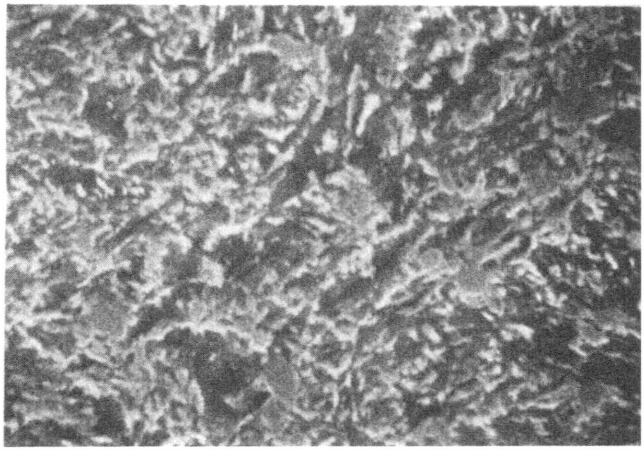

Bild 17

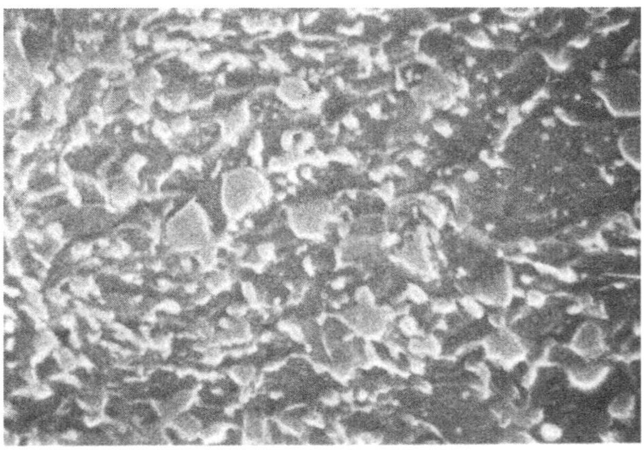

Bild 18

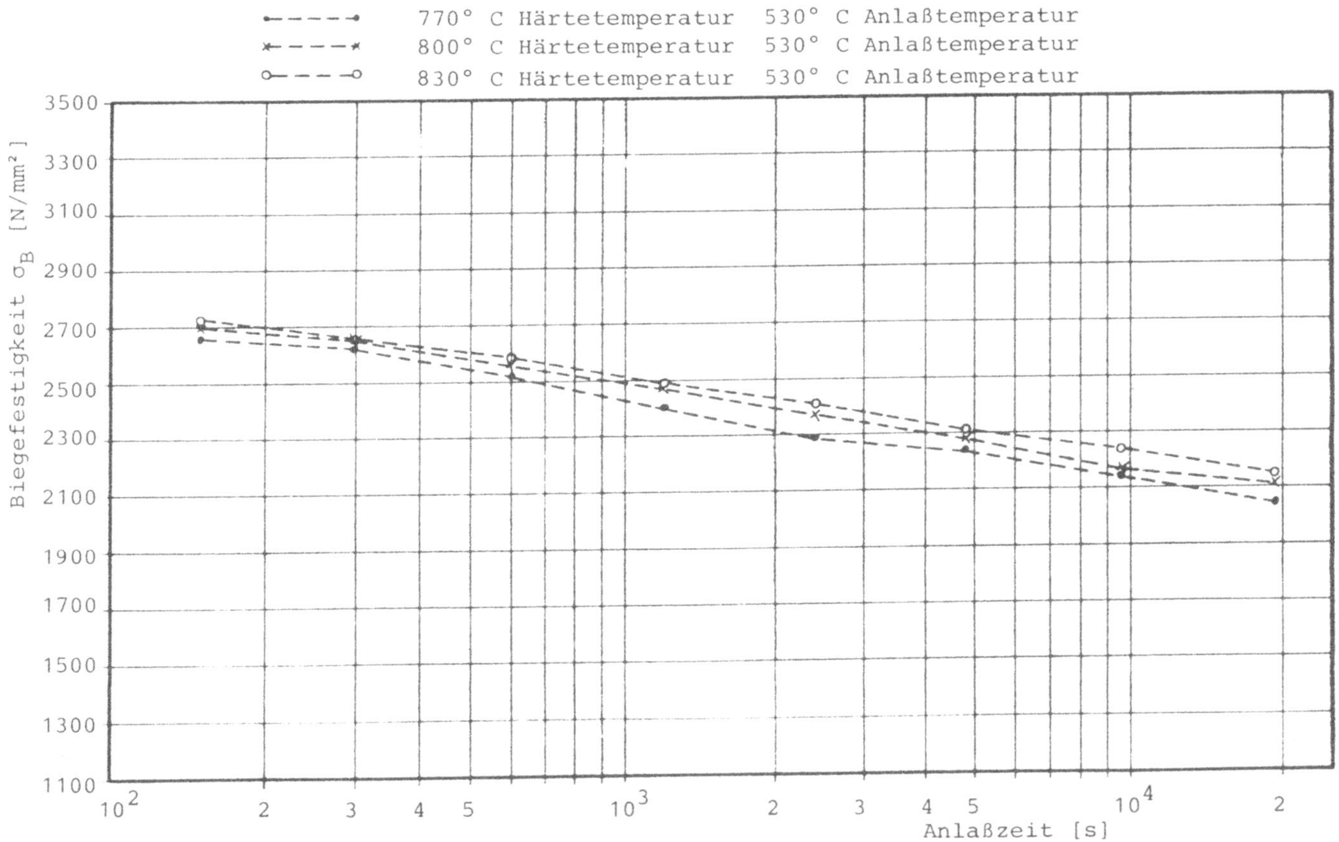

Bild 19 Einfluß der Anlaßzeit auf die Biegefestigkeit nach dem Abschrecken von verschiedenen Austenitisierungstemperaturen, Stahl 75 Cr 1 (1.2003)

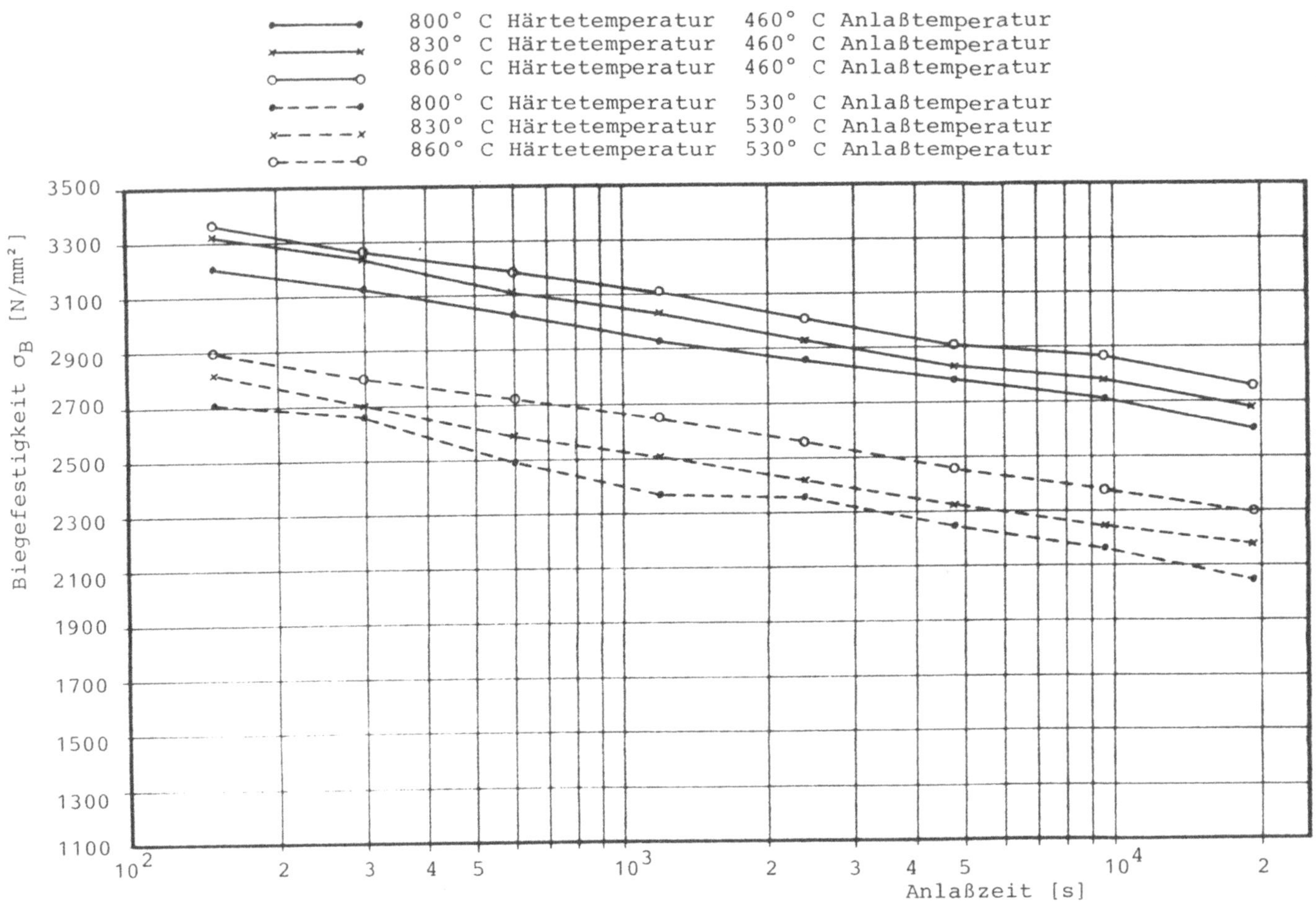

Bild 20 Einfluß der Anlaßzeit auf die Biegefestigkeit nach dem Abschrecken von verschiedenen Austenitisierungstemperaturen, Stahl 80 CrV 2 (1.2235)

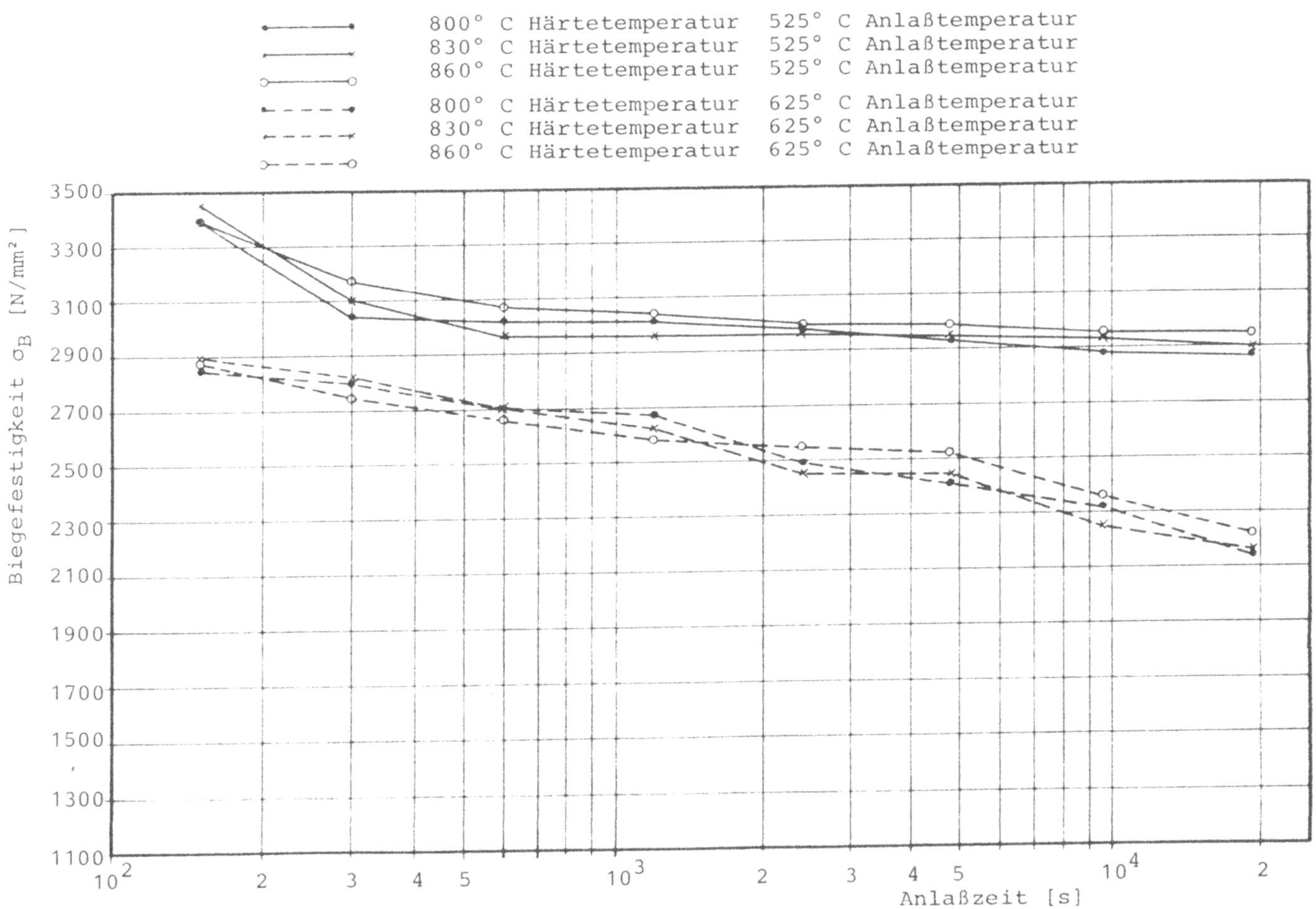

Bild 21 Einfluß der Anlaßzeit auf die Biegefestigkeit nach dem Abschrecken von verschiedenen Austenitisierungstemperaturen, Stahl 73 WCrMoV 2 2 (1.2604)

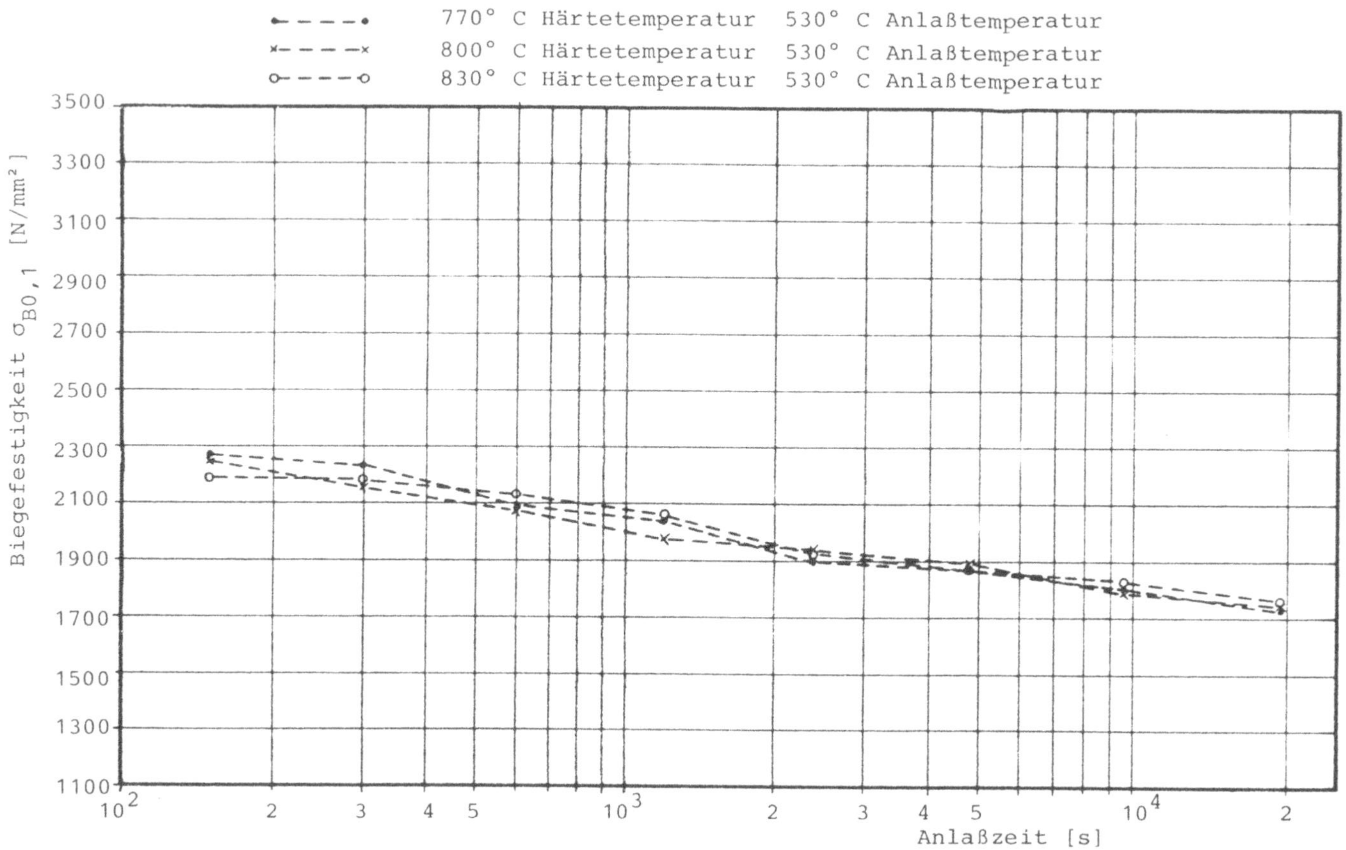

Bild 22 Einfluß der Anlaßzeit auf die 0,1 mm - Biegegrenze nach dem Abschrecken von verschiedenen Austenitisierungstemperaturen, Stahl 75 Cr 1 (1.2003)

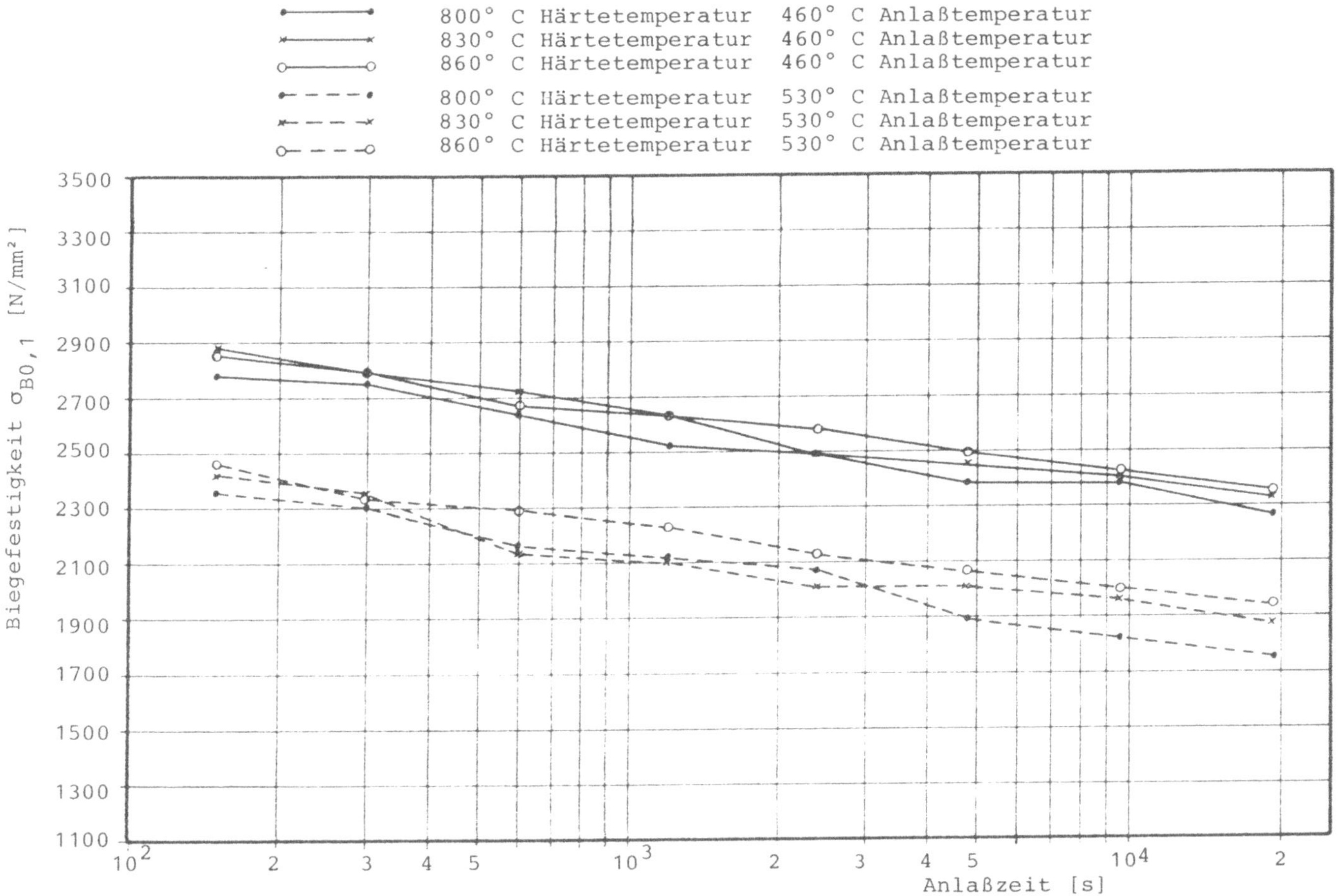

Bild 23 Einfluß der Anlaßzeit auf die 0,1 mm - Biegegrenze nach dem Abschrecken von verschiedenen Austenitisierungstemperaturen, Stahl 80 CrV 2 (1.2235)

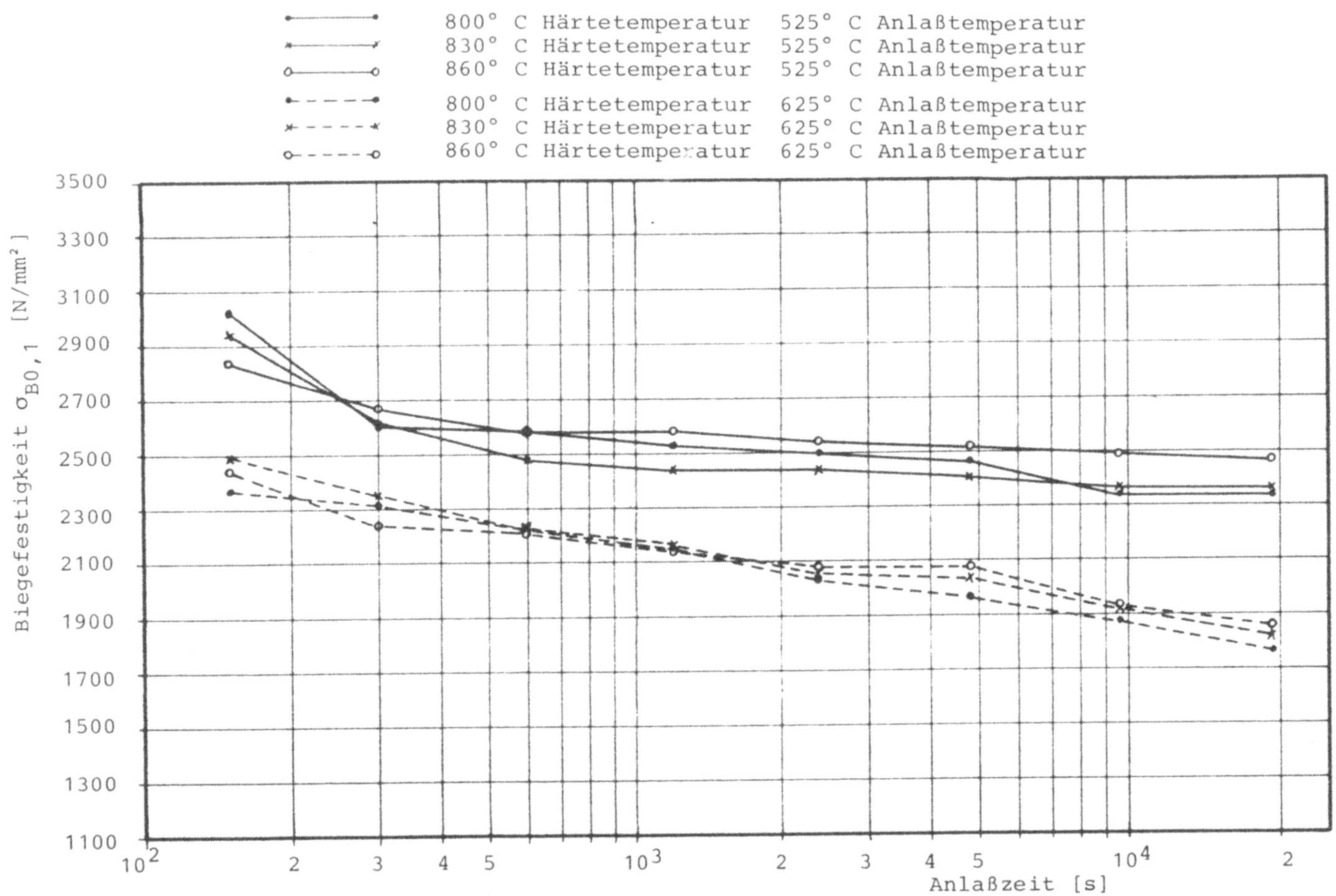

<u>Bild 24</u> Einfluß der Anlaßzeit auf die 0,1 mm - Biegegrenze nach dem Abschrecken von verschiedenen Austenitisierungstemperaturen, Stahl 73 WCrMoV 2 2 (1.2604)

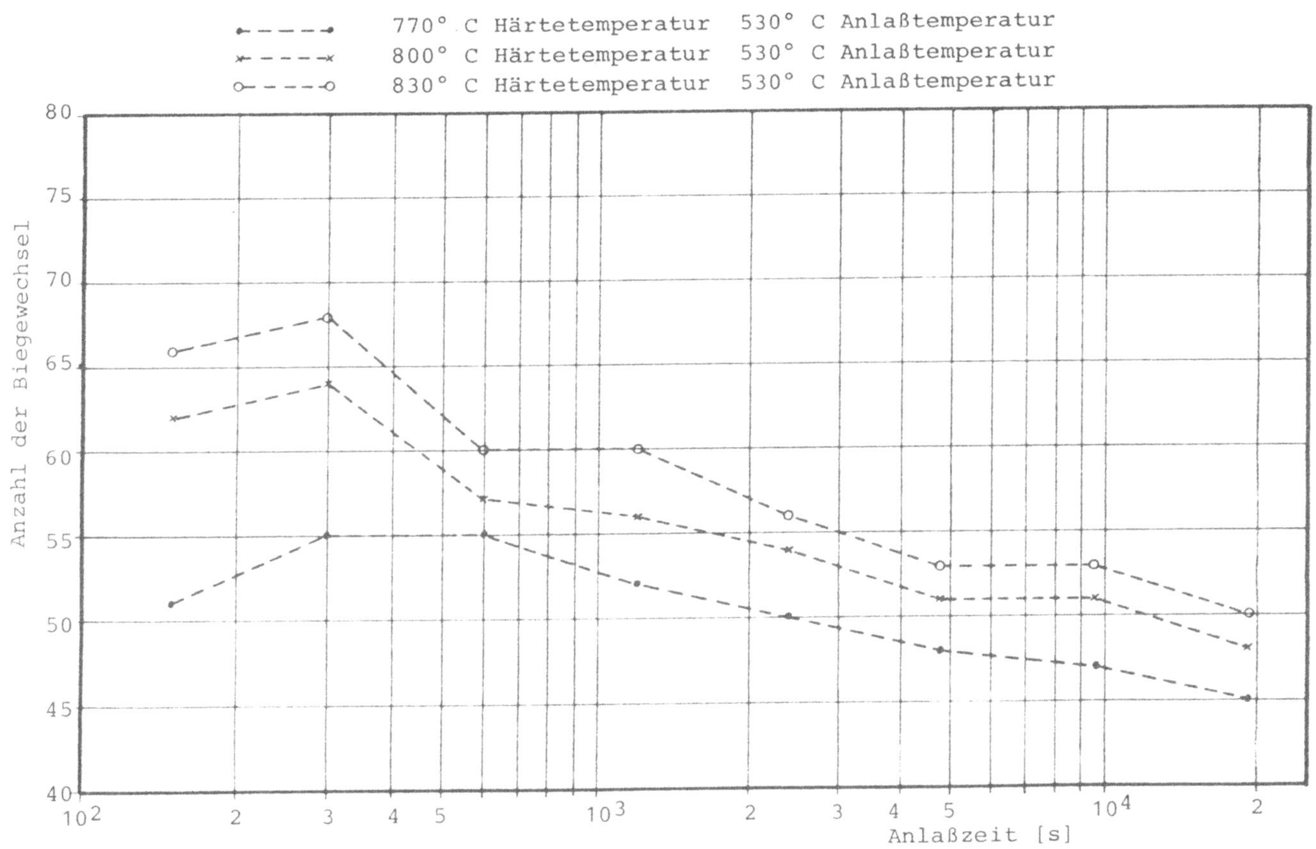

Bild 25 Einfluß der Anlaßzeit auf die Biegewechselfestigkeit nach dem Abschrecken von verschiedenen Austenitisierungstemperaturen, Stahl 75 Cr 1 (1.2003)

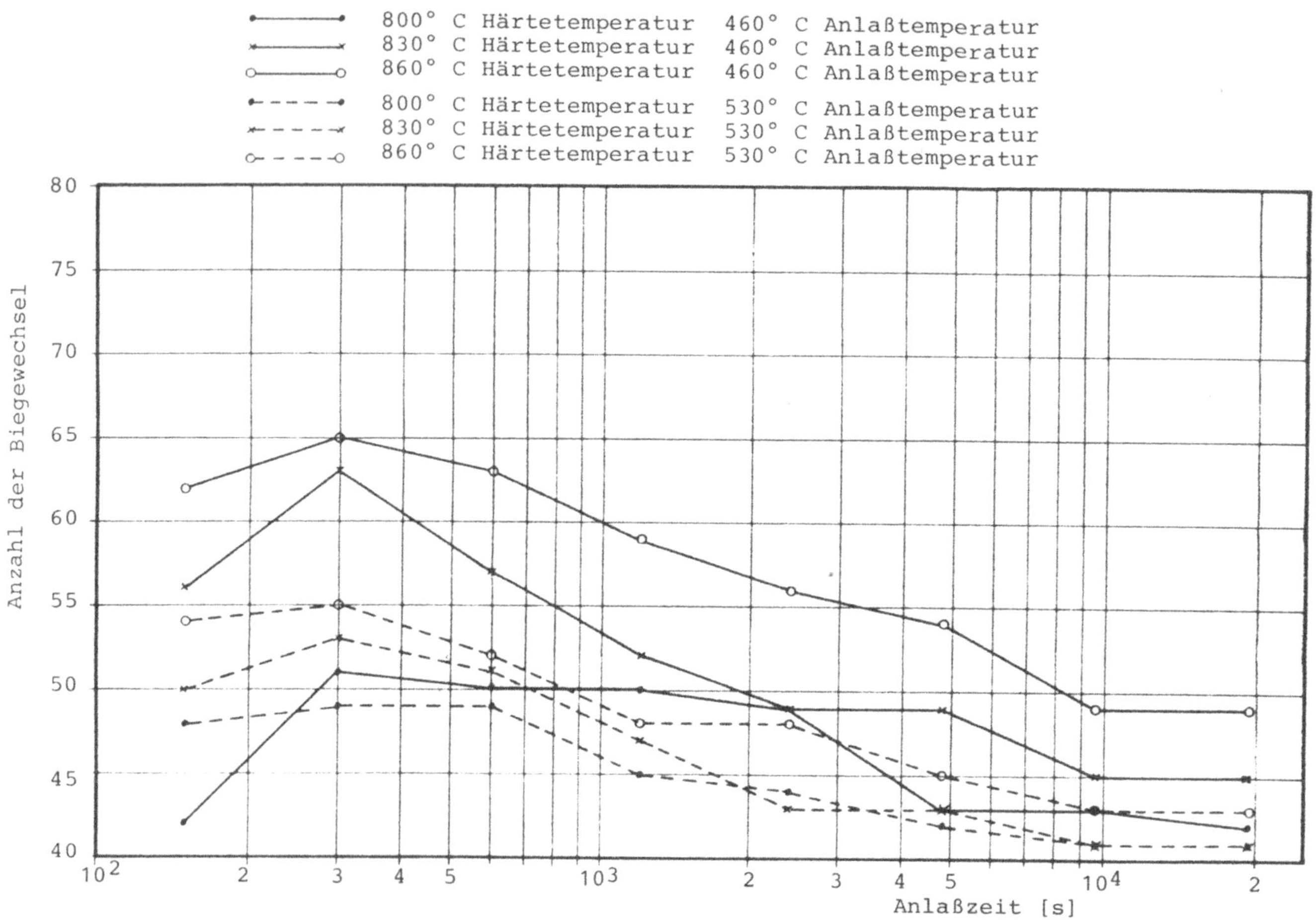

Bild 26 Einfluß der Anlaßzeit auf die Biegewechselfestigkeit nach dem Abschrecken von verschiedenen Austenitisierungstemperaturen, Stahl 80 CrV 2 (1.2235)

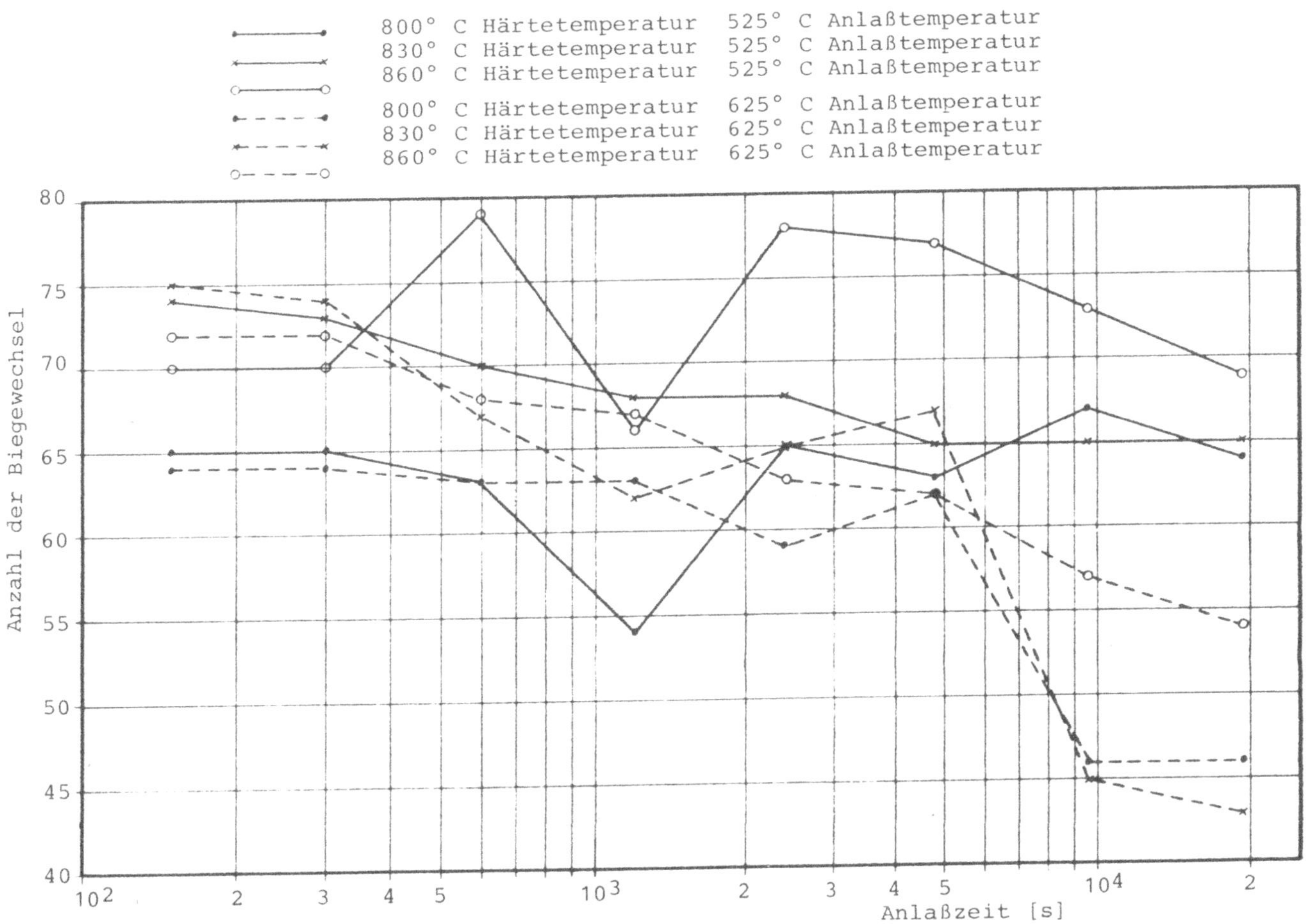

Bild 27 Einfluß der Anlaßzeit auf die Biegewechselfestigkeit nach dem Abschrecken von verschiedenen Austenitisierungstemperaturen, Stahl 73 WCrMoV 2 2 (1.2604)

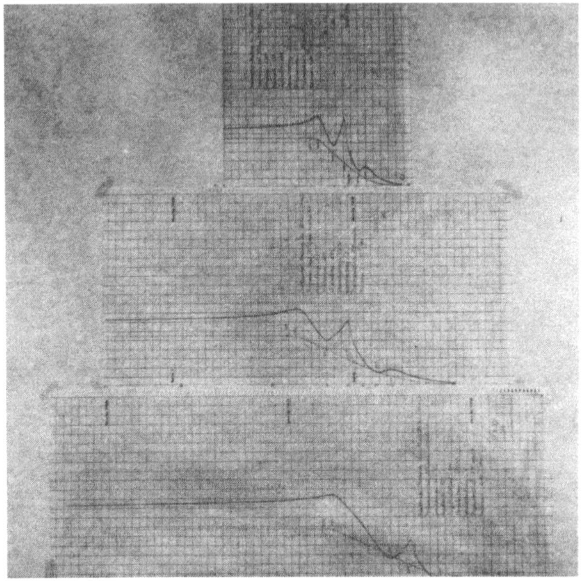

Bild 28: Dilatometerkurven für den Stahl 75 Cr 1 bei "kontinuierlicher" Aufheizung

Bild 29: Dilatometerkurven für den Stahl 80 CrV 2 bei "kontinuierlicher" Aufheizung

Bild 30: Dilatometerkurven für den Stahl 73 WCrMoV 2 2 bei "kontinuierlicher" Aufheizung

Bild 31: Dilatometerkurven für den Stahl 75 Cr 1 bei "isothermer" Aufheizung

Bild 32: Dilatometerkurven für den Stahl 80 CrV 2 bei "isothermer" Aufheizung

Bild 33: Dilatometerkurven für den Stahl 73 WCrMoV 2 2 bei "isothermer" Aufheizung

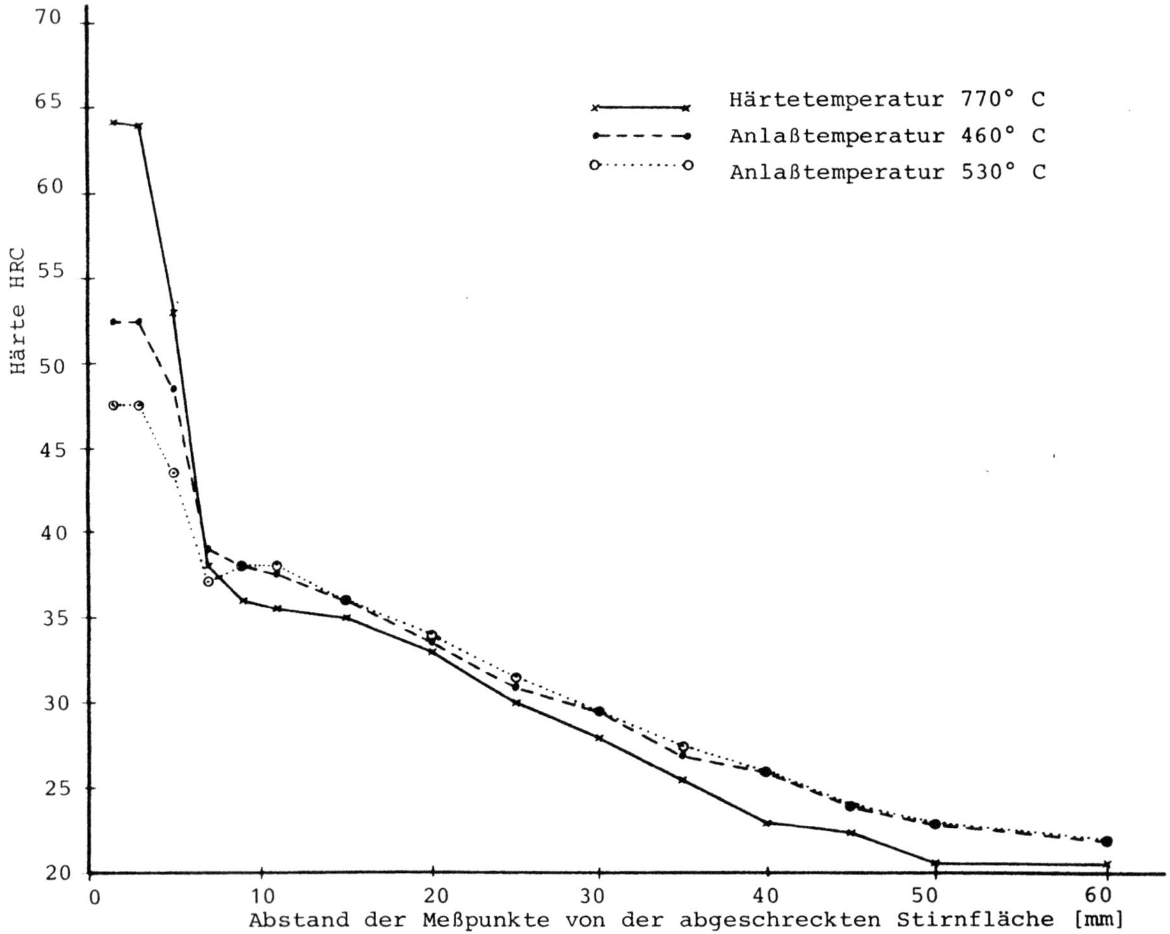

Bild 34 Im Stirnabschreckversuch ermittelte Einhärtetiefe für den Stahl 75 Cr 1 (1.2003) nach Austenitisierung bei 700° C

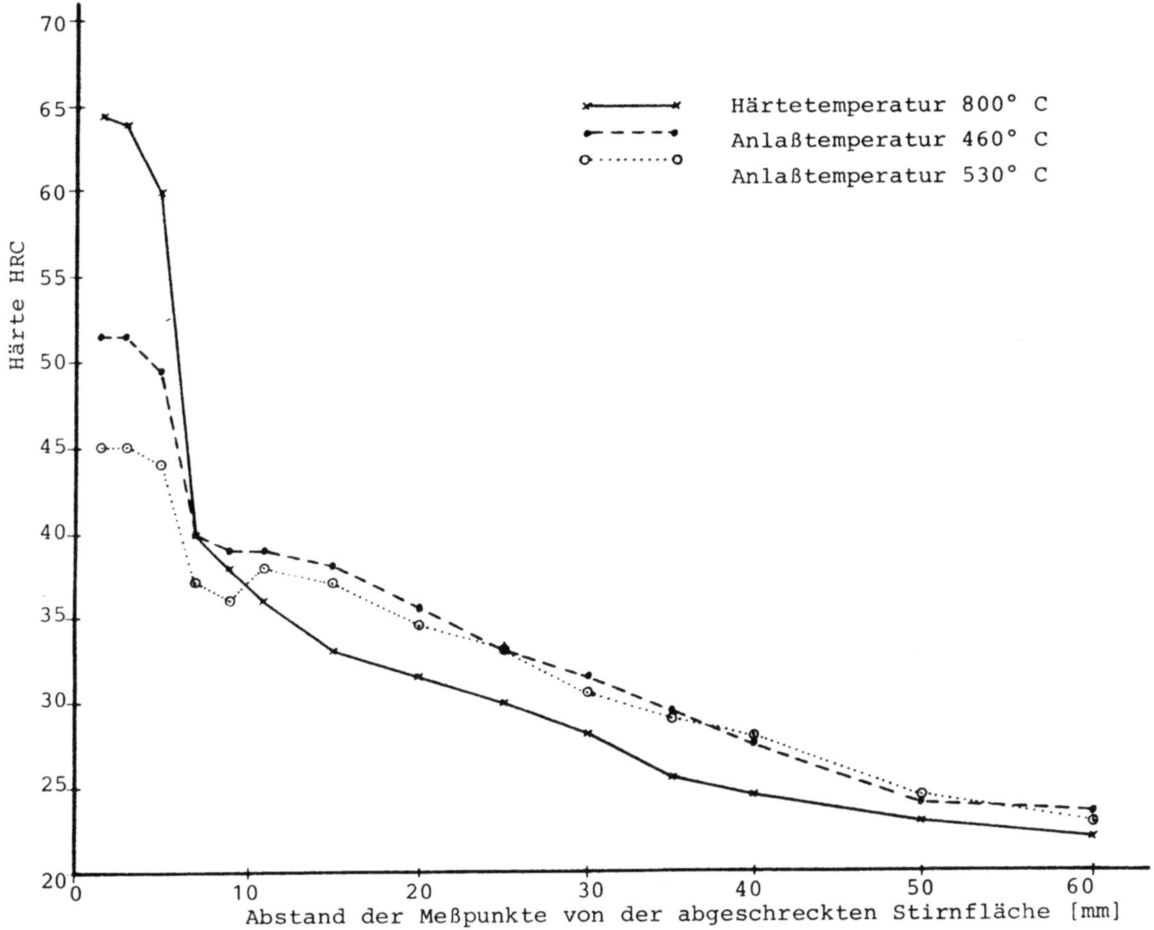

Bild 35 Im Stirnabschreckversuch ermittelte Einhärtetiefe für den Stahl 75 Cr 1 (1.2003) nach Austenitisierung bei 800° C

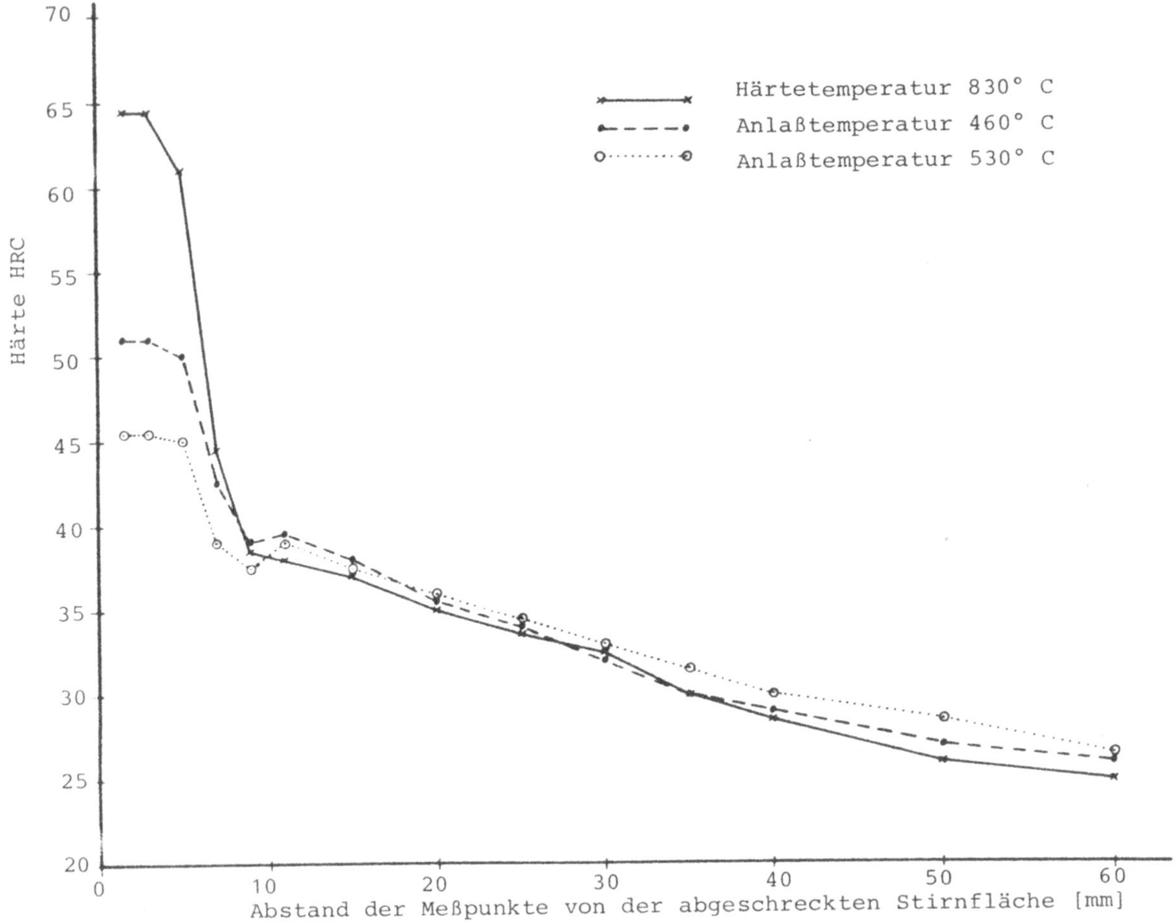

Bild 36 Im Stirnabschreckversuch ermittelte Einhärtetiefe für den Stahl 75 Cr 1 (1.2003) nach Austenitisierung bei 830° C

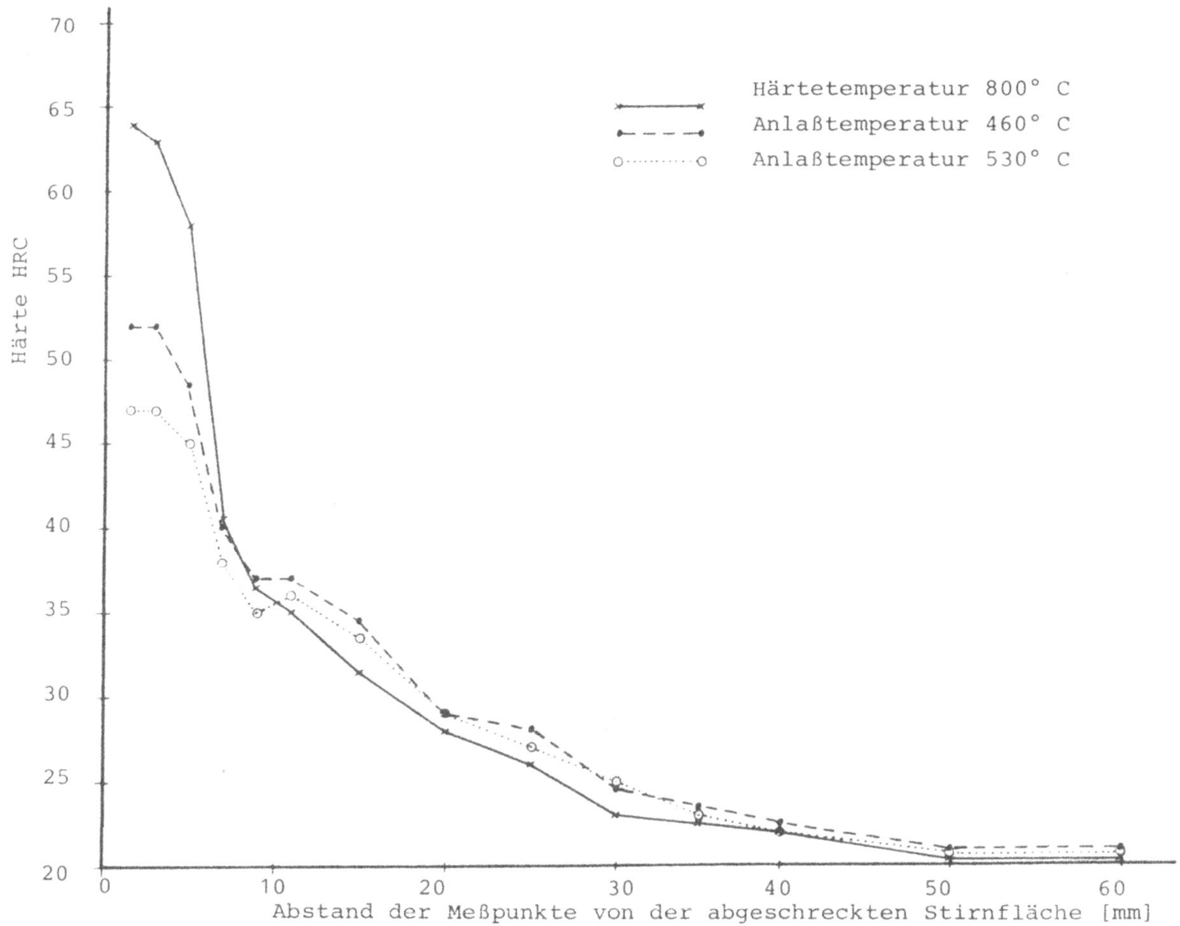

Bild 37 Im Stirnabschreckversuch ermittelte Einhärtetiefe für den Stahl 80 CrV 2 (1.2235) nach Austenitisierung bei 800° C

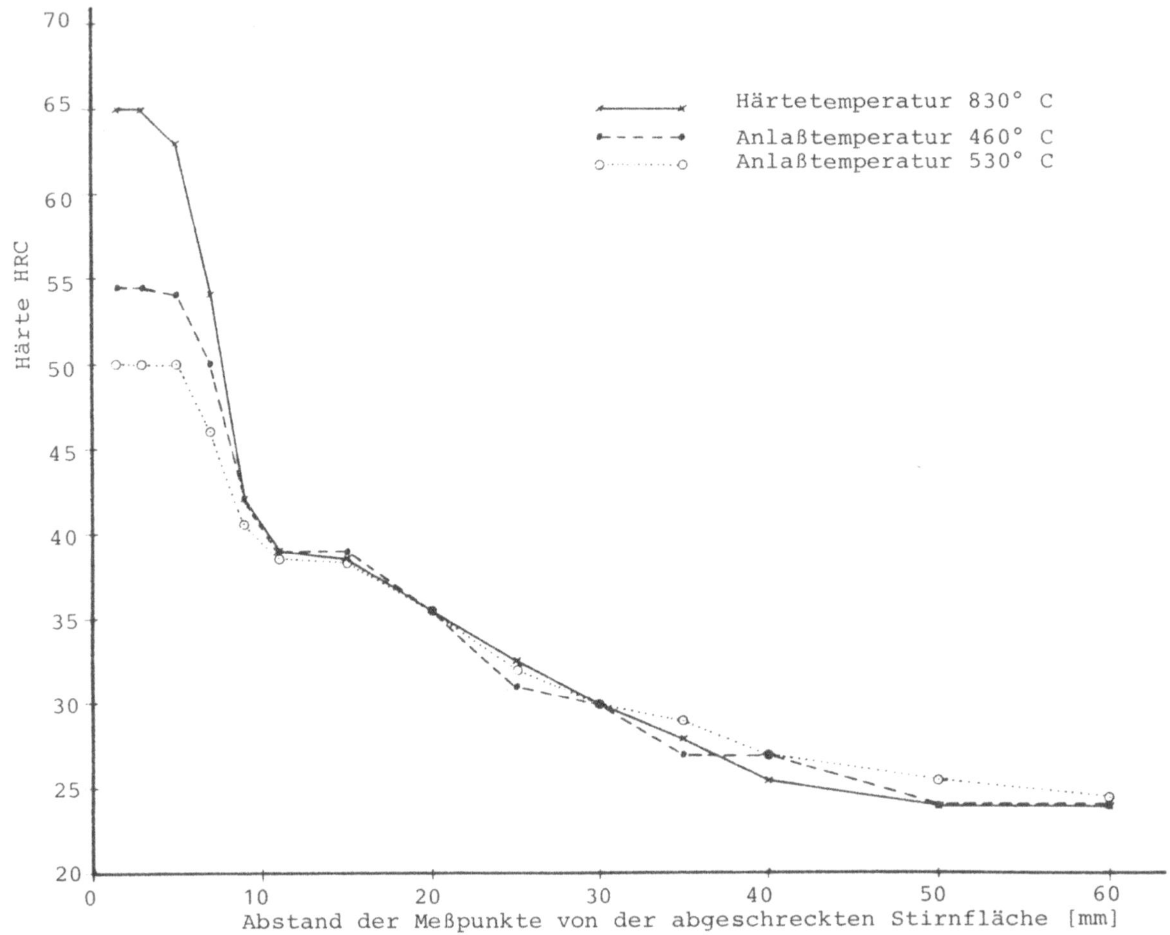

Bild 38 Im Stirnabschreckversuch ermittelte Einhärtetiefe für den Stahl 80 CrV 2 (1.2235) nach Austenitisierung bei 830° C

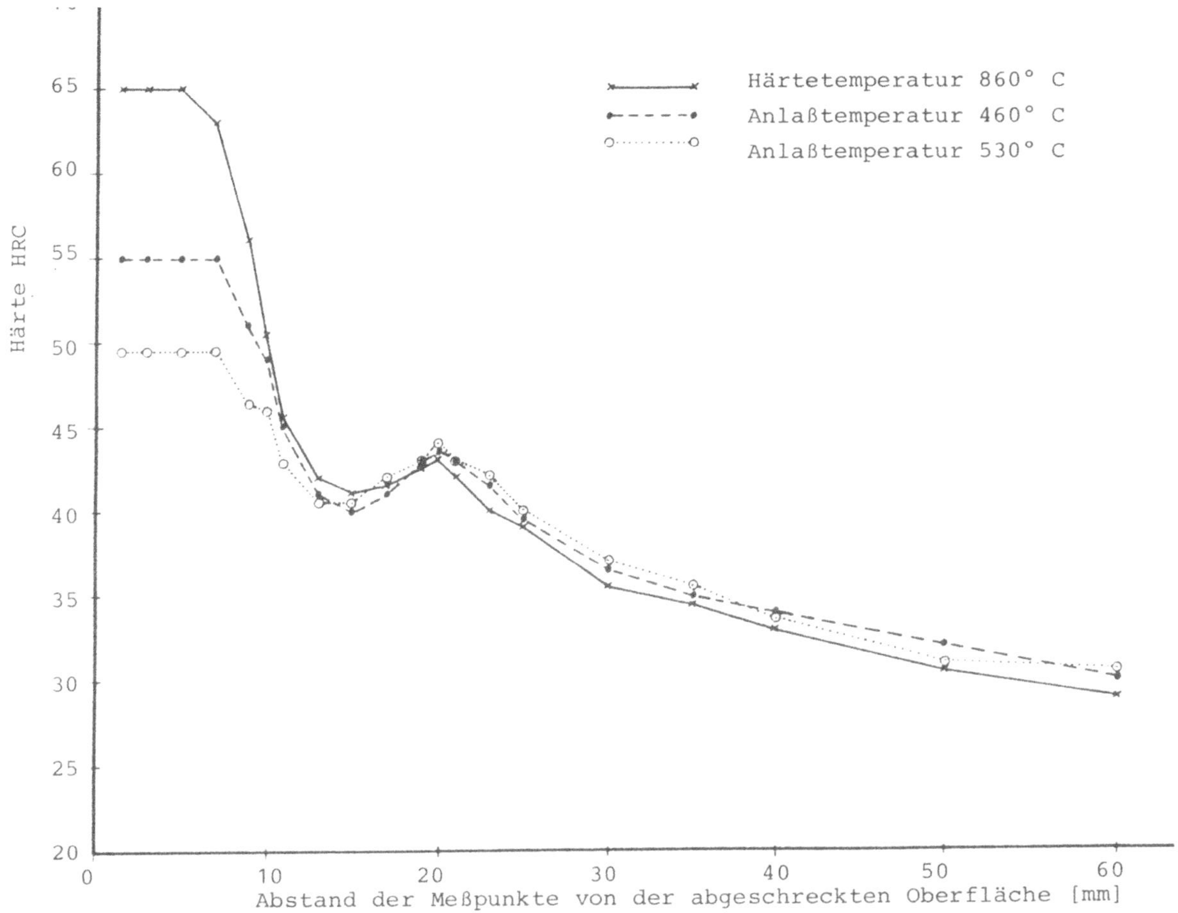

Bild 39 Im Stirnabschreckversuch ermittelte Einhärtetiefe für den Stahl 80CrV 2 (1.2235) nach Austenitisierung bei 860° C

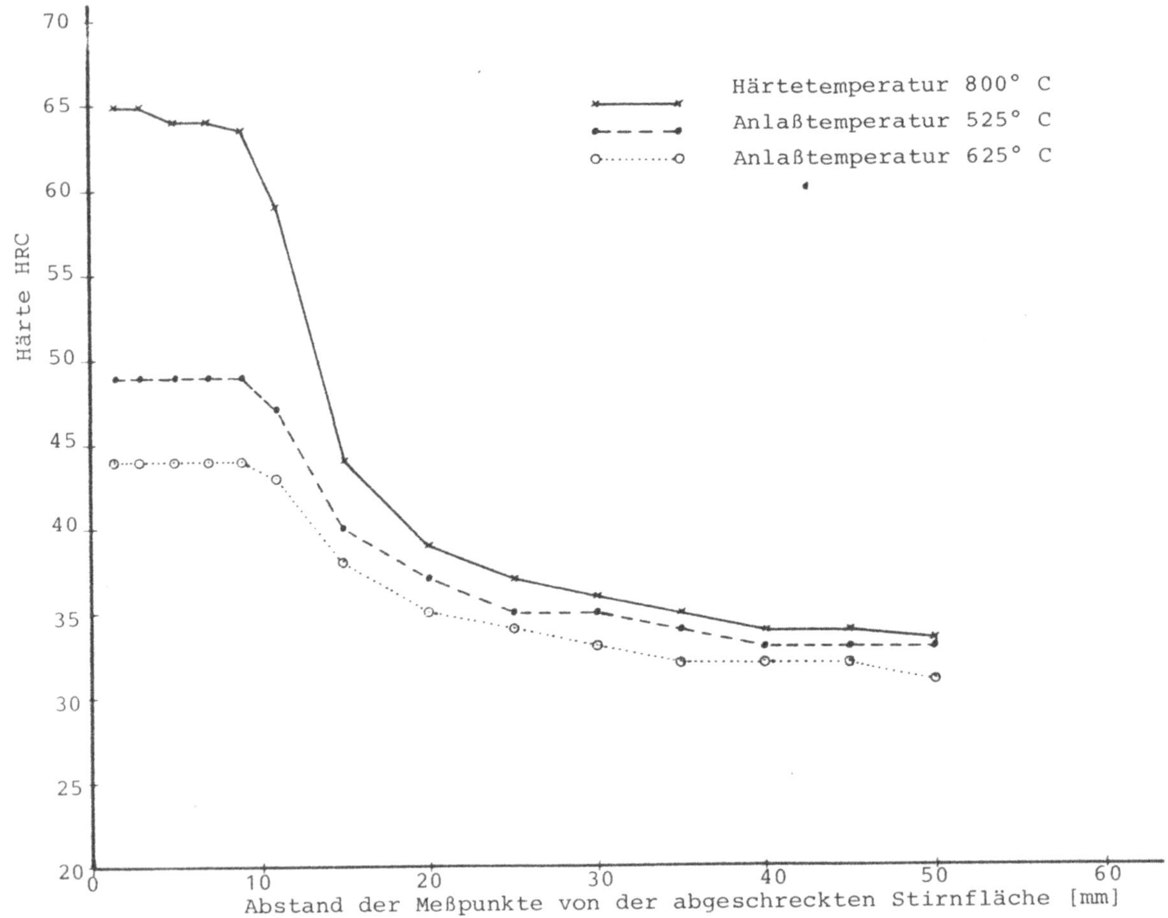

Bild 40 Im Stirnabschreckversuch ermittelte Einhärtetiefe für den Stahl 73 WCrMoV 2 2 (1.2604) nach Austenitisierung bei 800° C

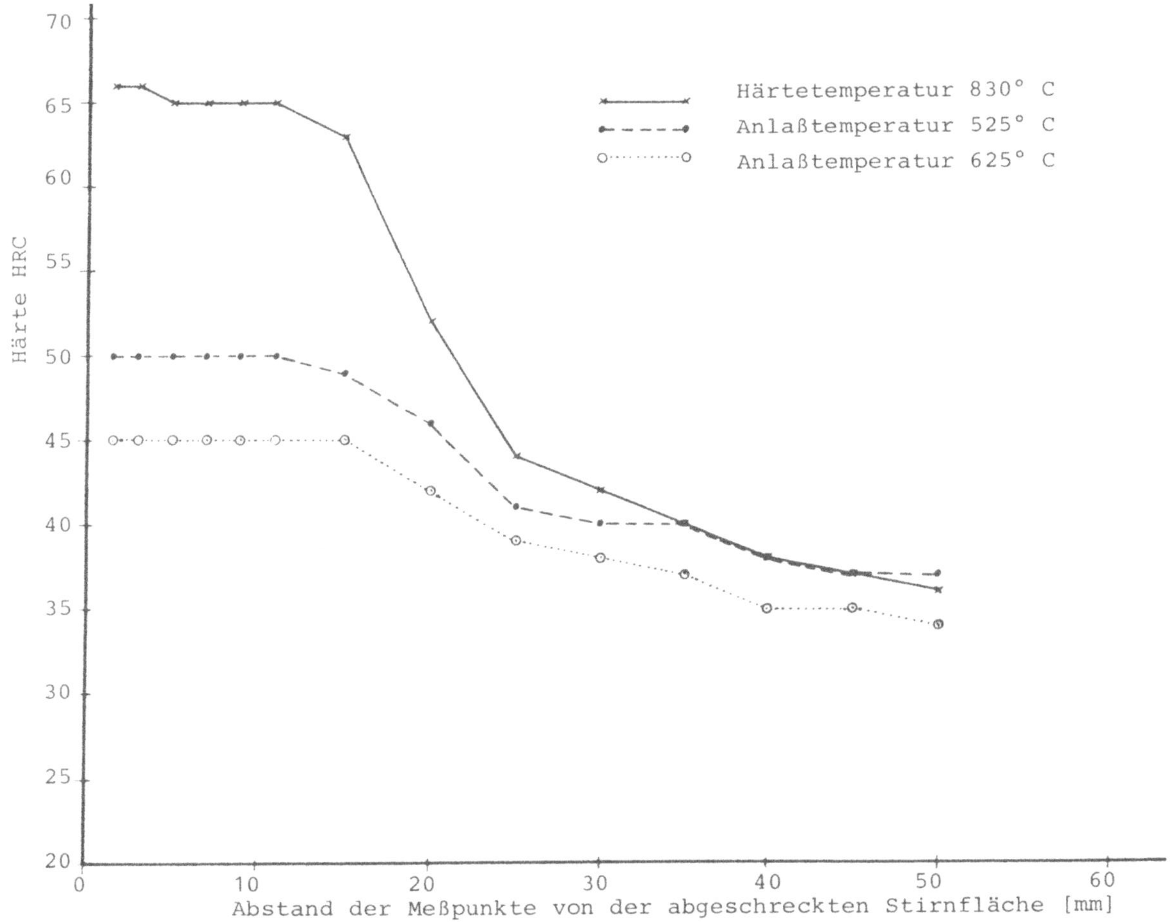

Bild 41 Im Stirnabschreckversuch ermittelte Einhärtetiefe für den Stahl 73 WCrMoV 2 2 (1.2604) nach Austenitisierung bei 830° C

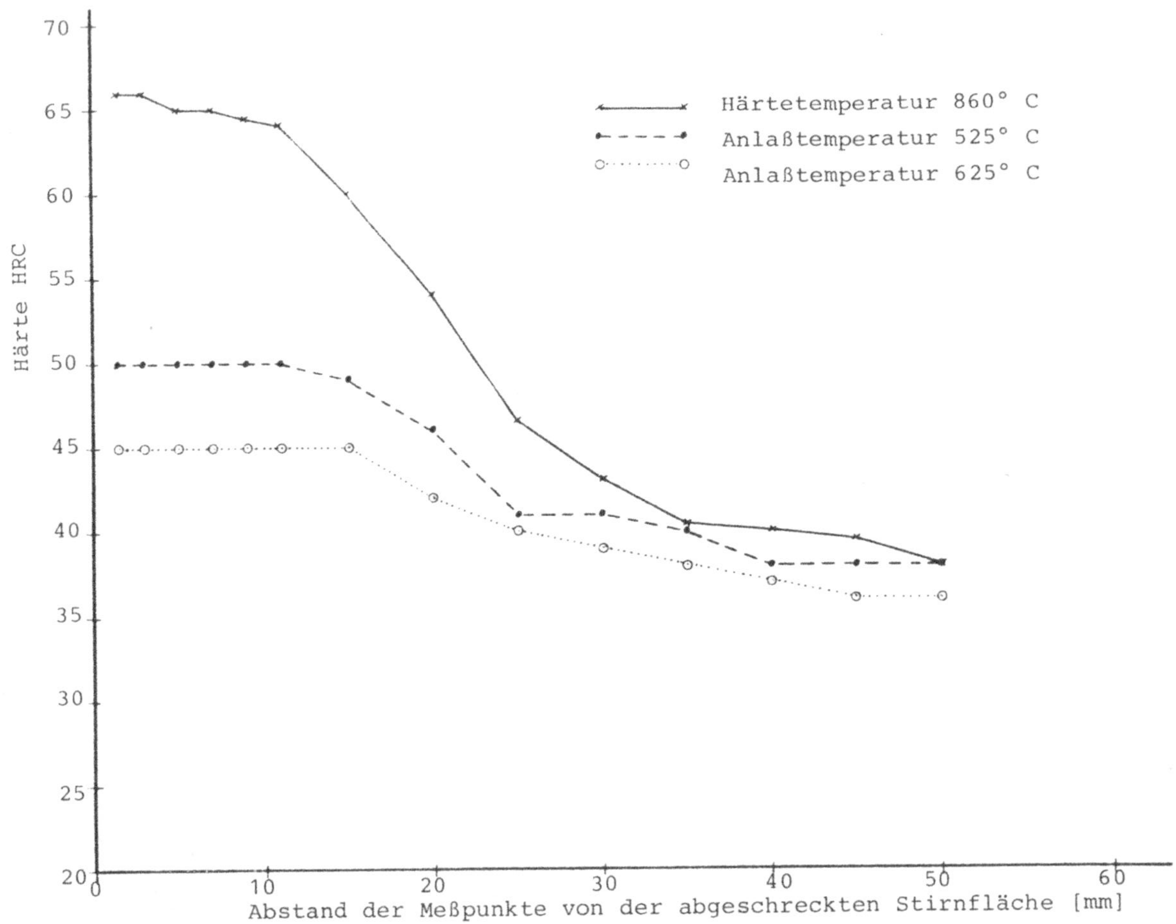

<u>Bild 42</u> Im Stirnabschreckversuch ermittelte Einhärtetiefe für den Stahl 73 WCrMoV 2 2 (1.2604) nach Austenitisierung bei 860° C

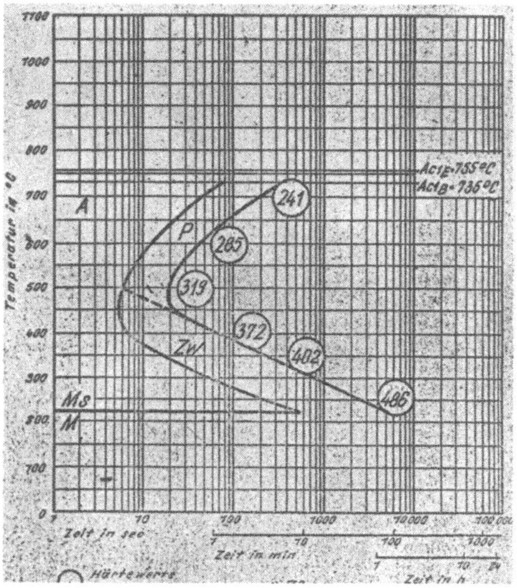

Bild 43 Kontinuierliches Zeit-Temperatur-Umwandlungs-Schaubild (ZTU-) für den Stahl 75 Cr 1 (1.2003)

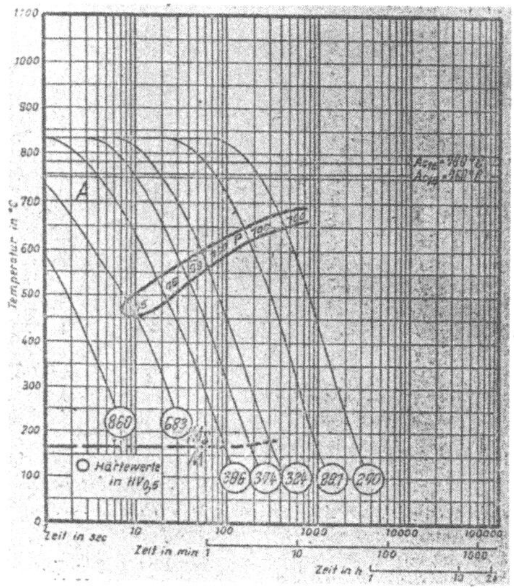

Bild 44 Kontinuierliches Zeit-Temperatur-Umwandlungs-Schaubild (ZTU-) für den Stahl 80 CrV 2 (1.2235)

Bild 45 Meßronde mit 4 Mantelthermoelementen von 1,0 mm Ø

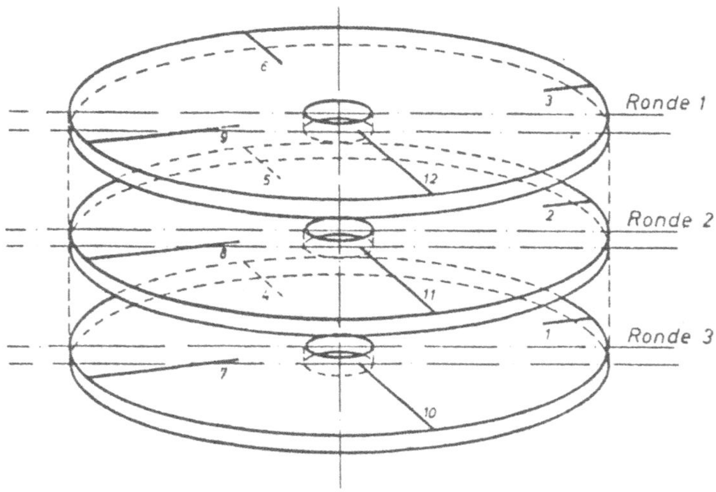

Bild 46 Lage der Meßpunkte, (Nr. 1 - 12) im Sägenstapel

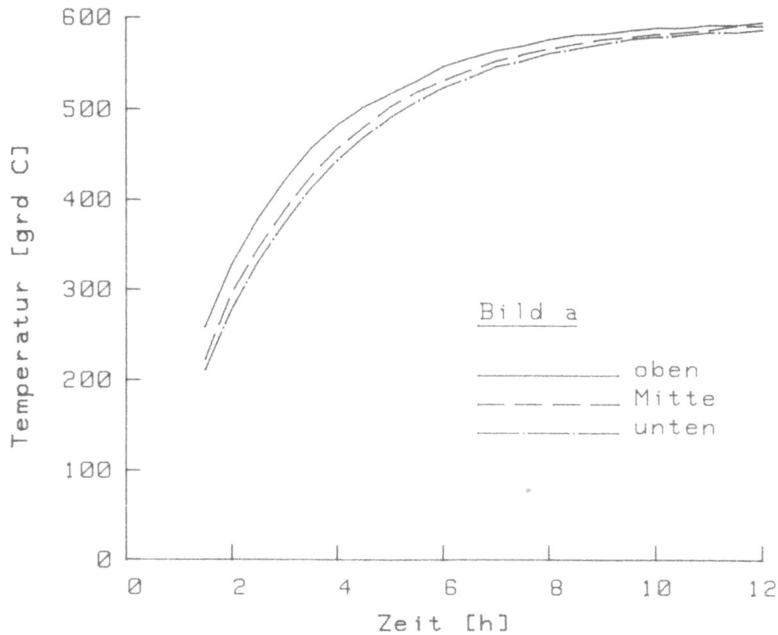

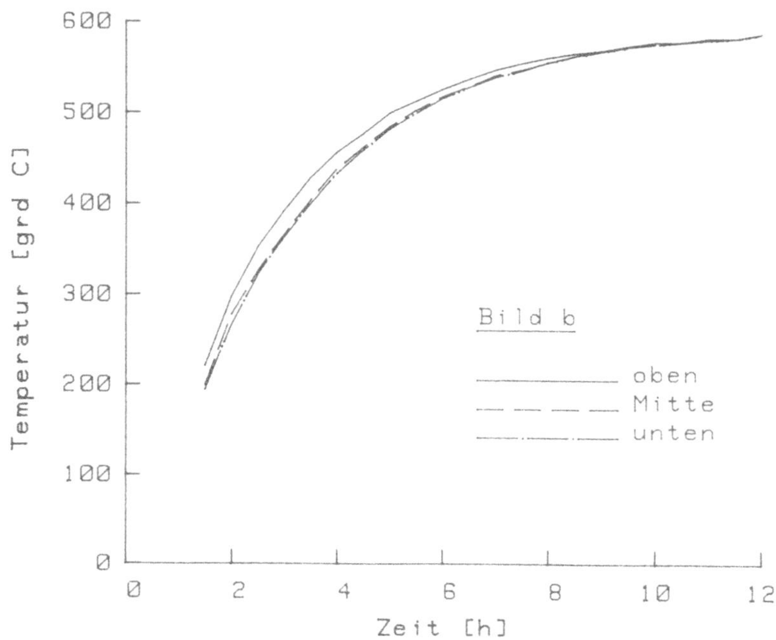

Bild 47 a und b   1. Betriebsmessung

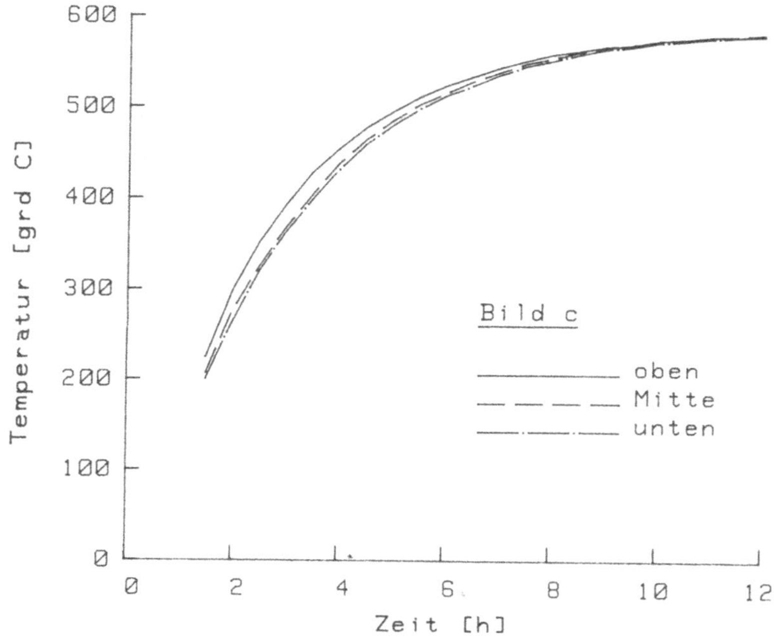

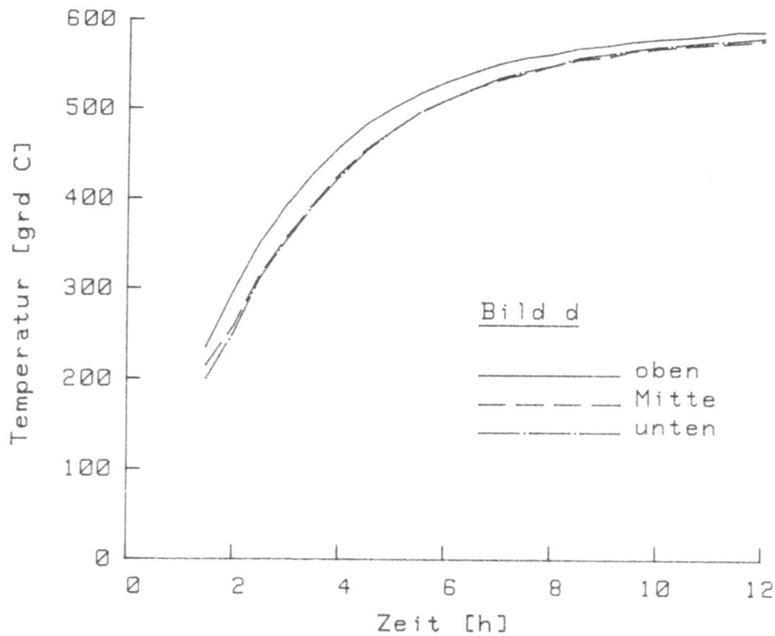

<u>Bild 47 c und d</u> 1. Betriebsmessung

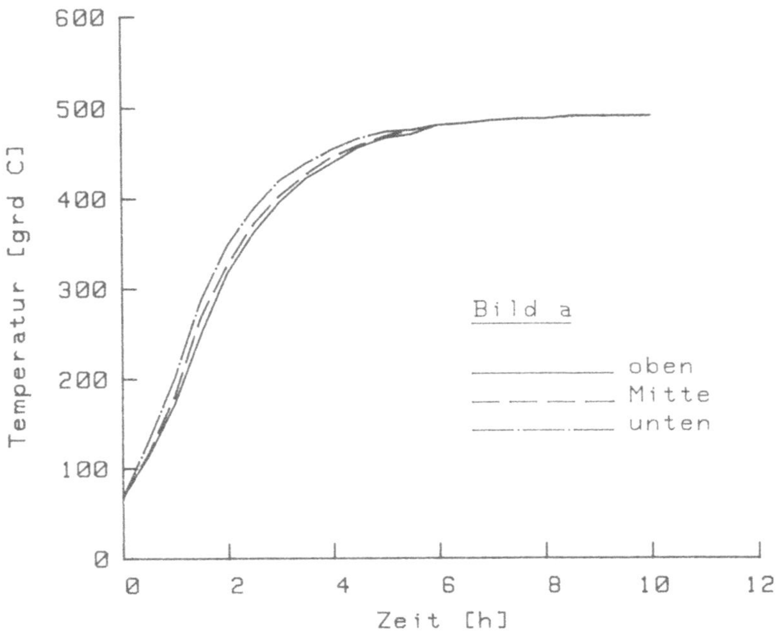

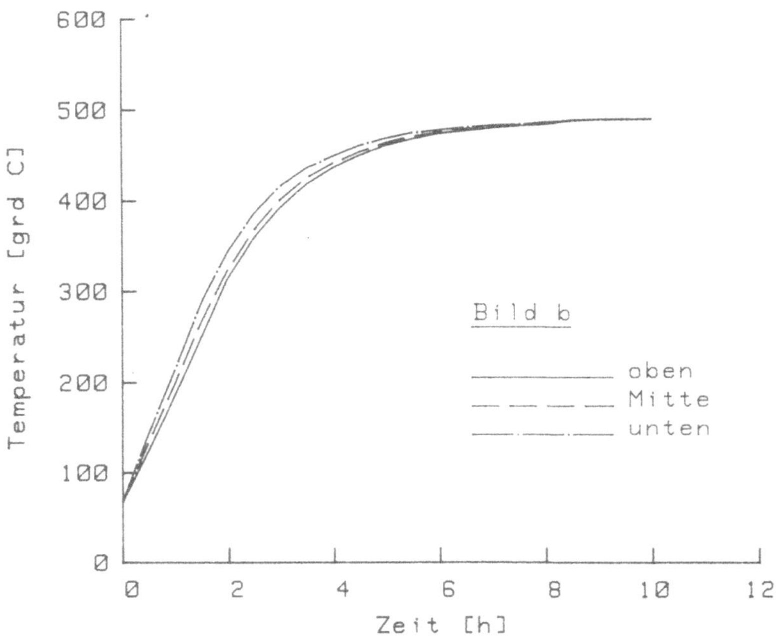

Bild 48 a und b   2. Betriebsmessung

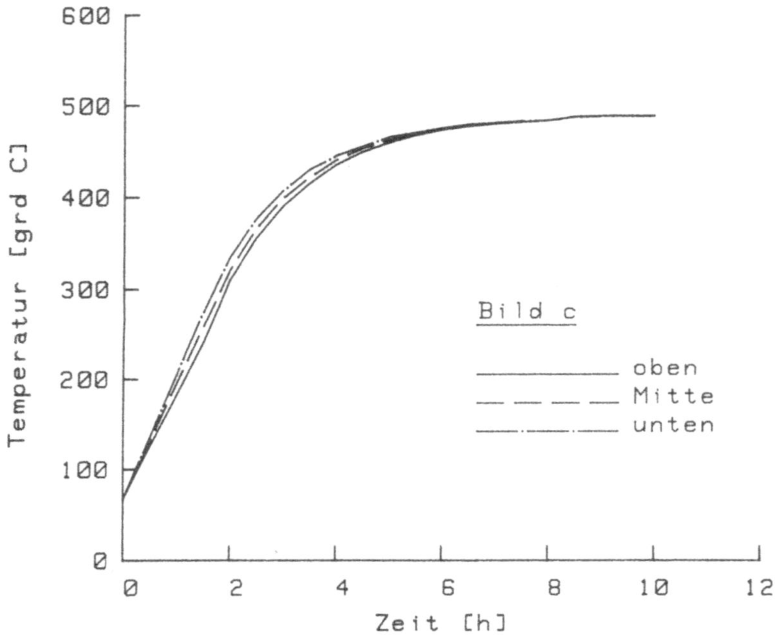

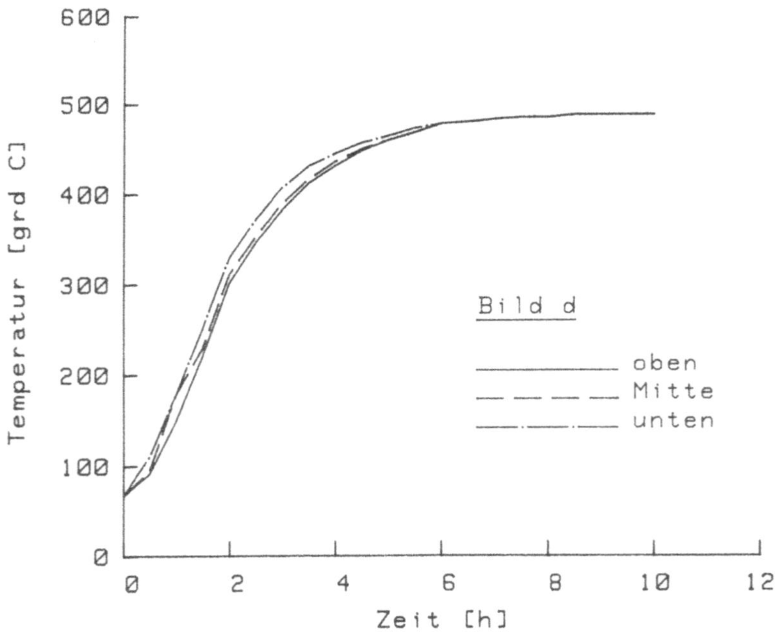

Bild 48 c und d   2. Betriebsmessung

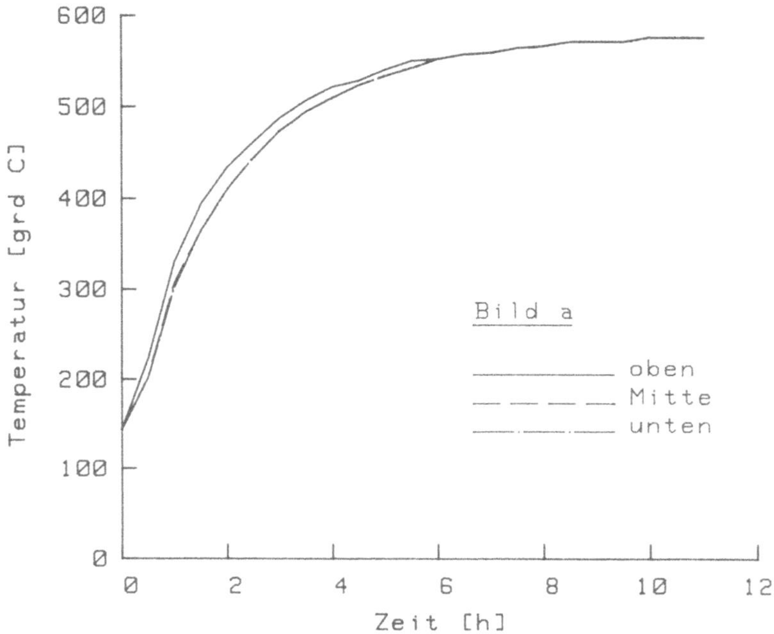

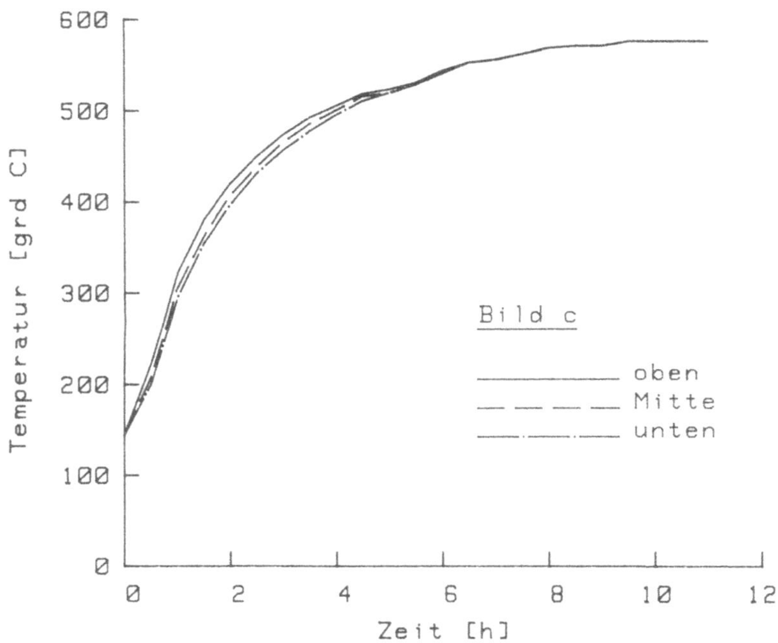

Bild 49 a und b 3. Betriebsmessung

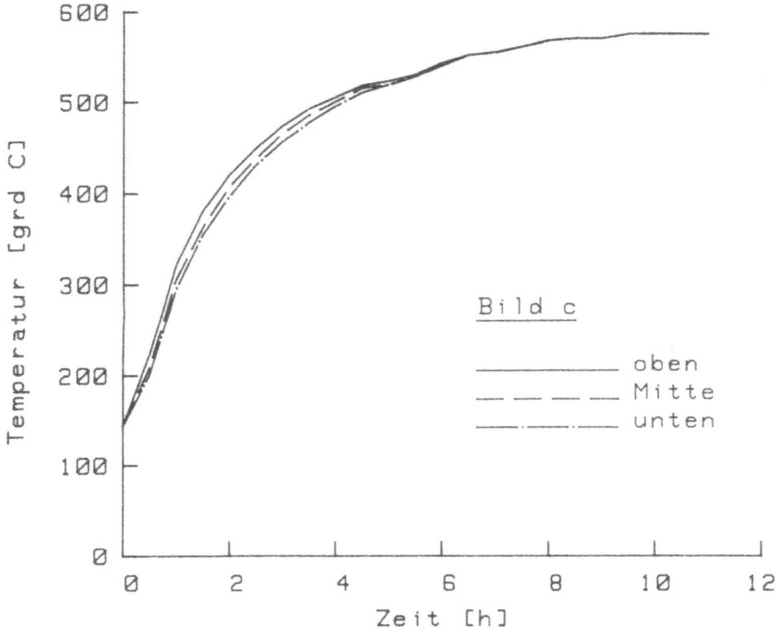

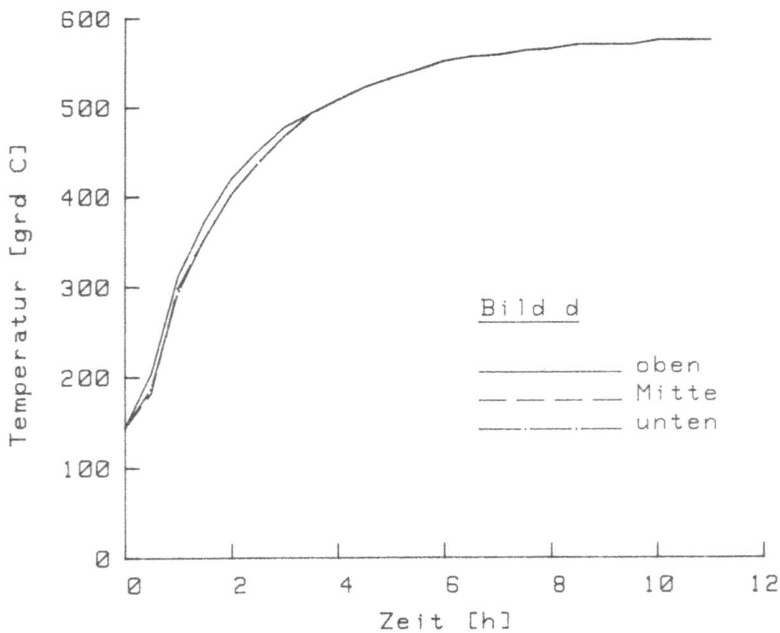

Bild 49 c und d   3. Betriebsmessung

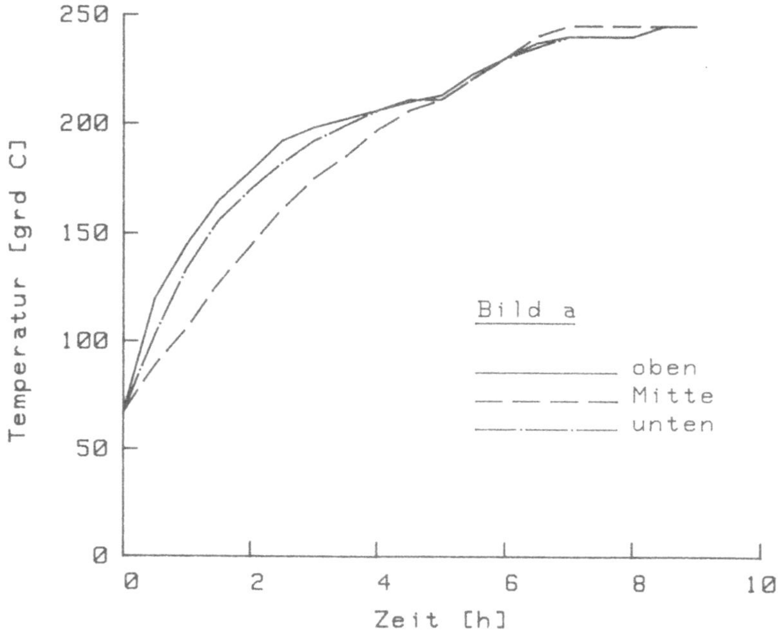

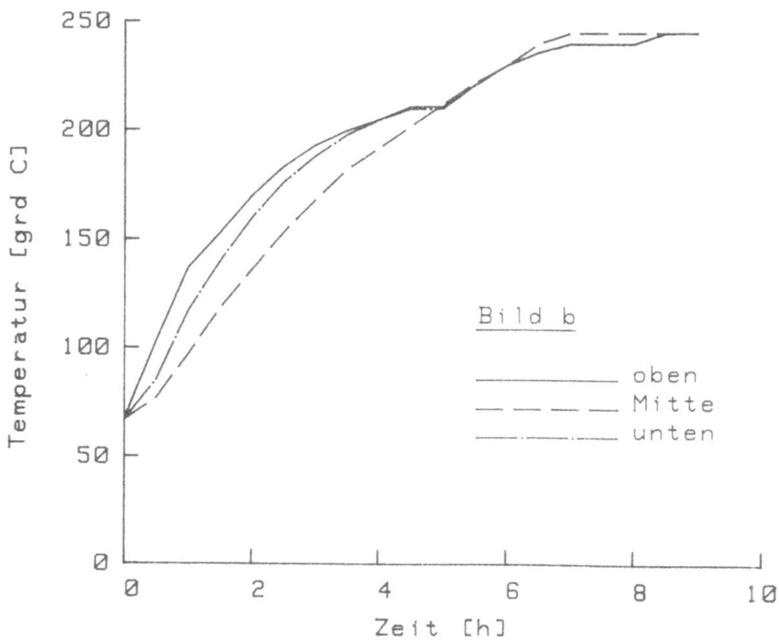

<u>Bild 50 a und b</u> 4. Betriebsmessung

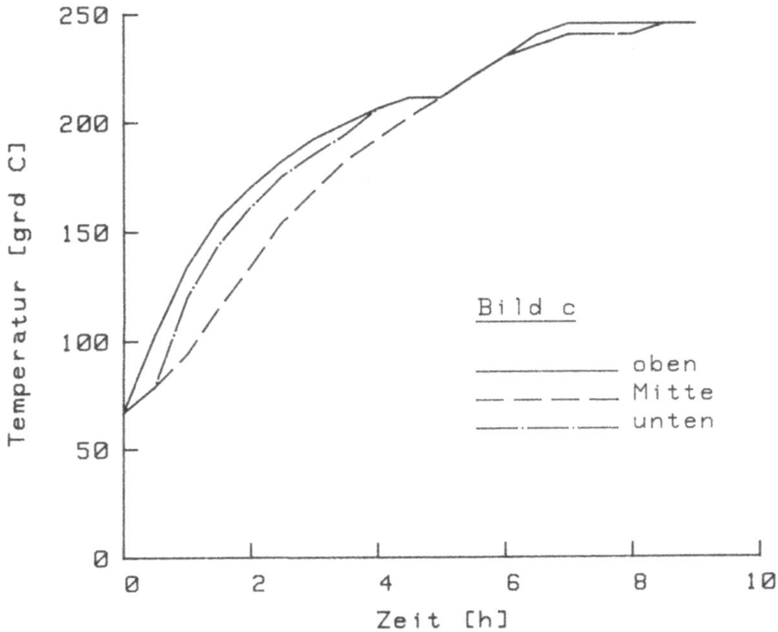

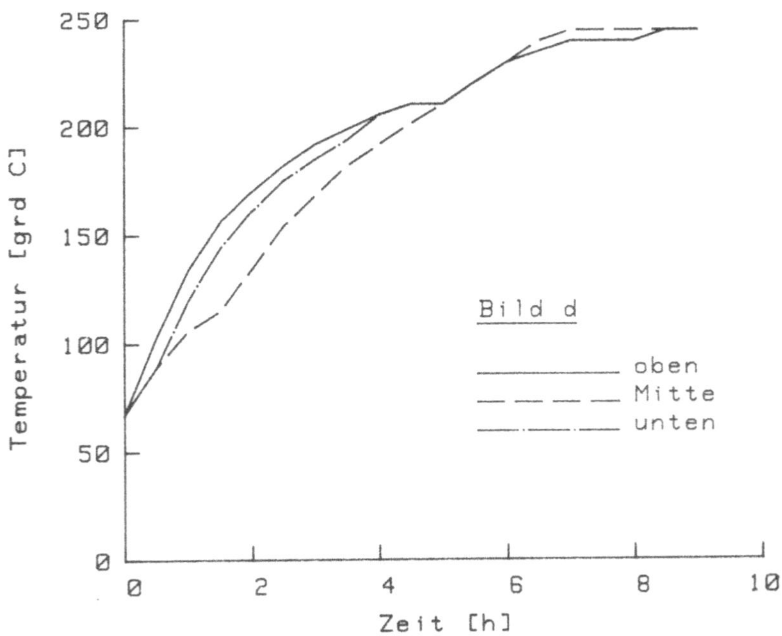

Bild 50 c und d   4. Betriebsmessung

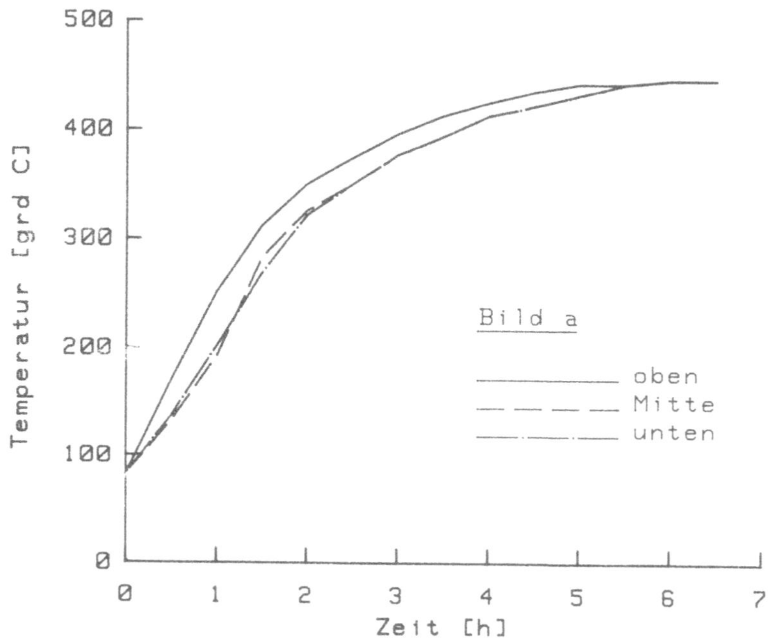

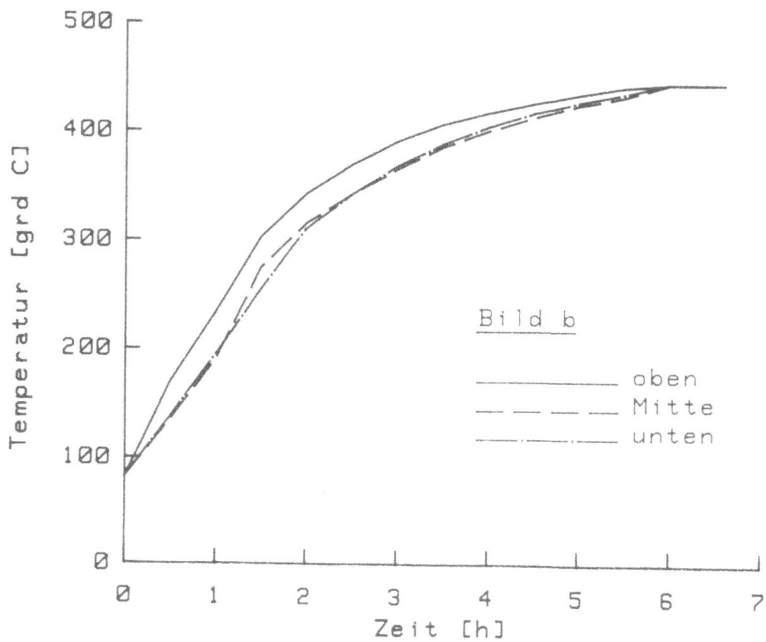

Bild 51 a und b   5. Betriebsmessung

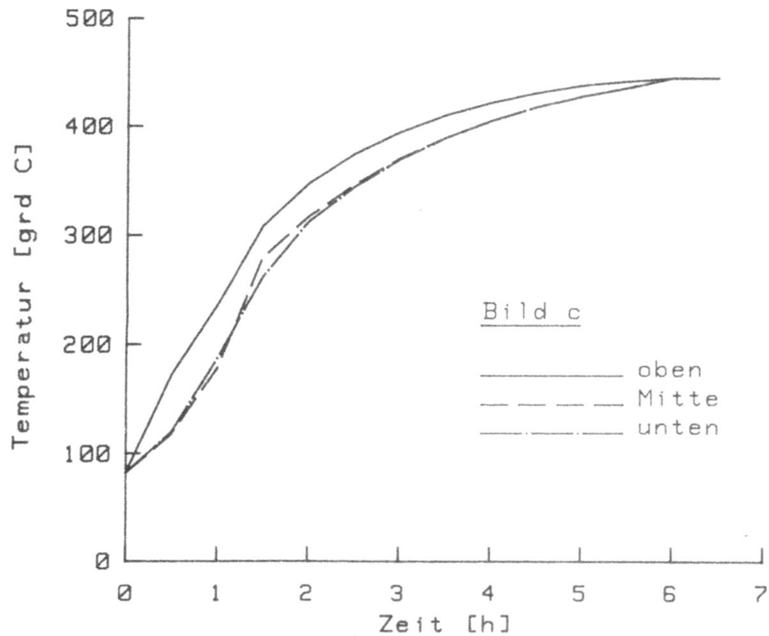

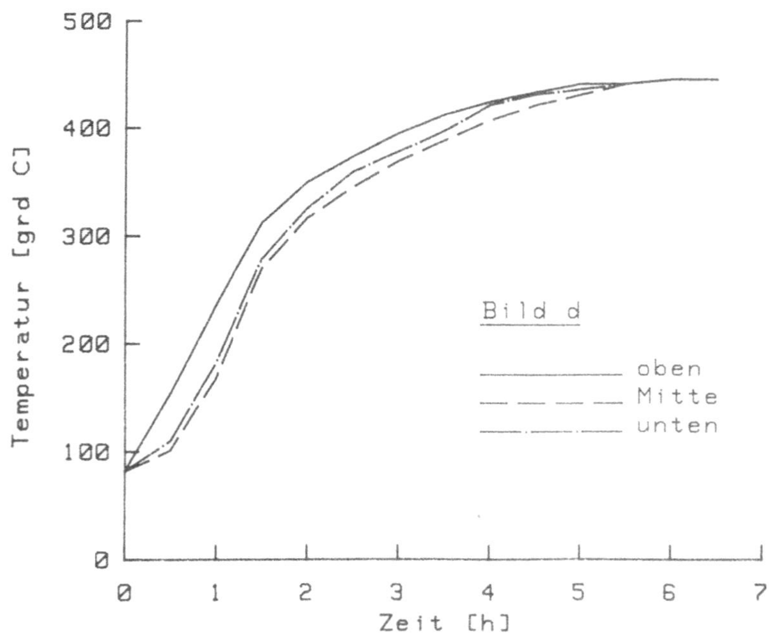

Bild 51 c und d 5. Betriebsmessung

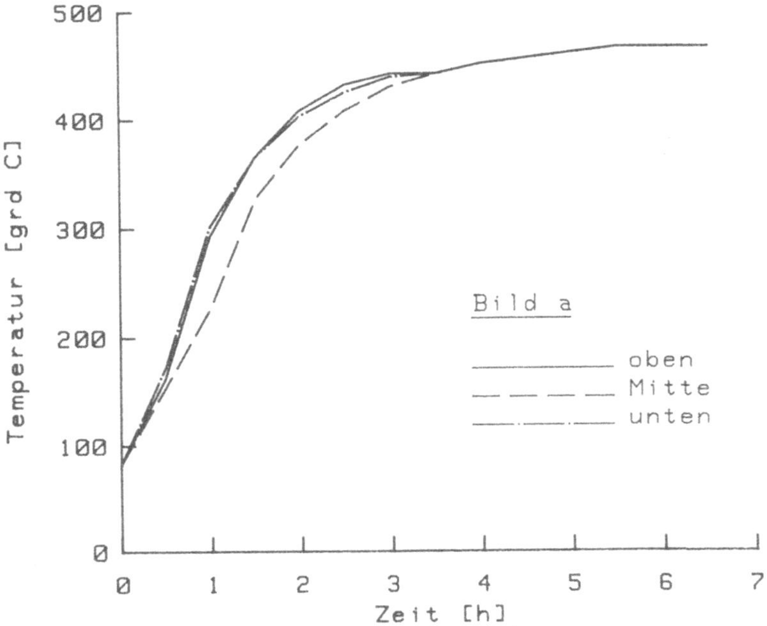

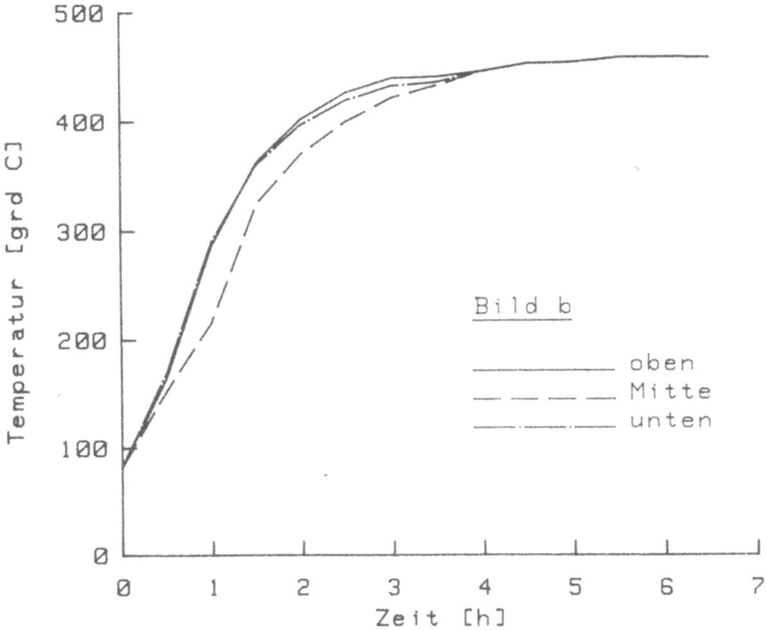

Bild 52 a und b 6. Betriebsmessung

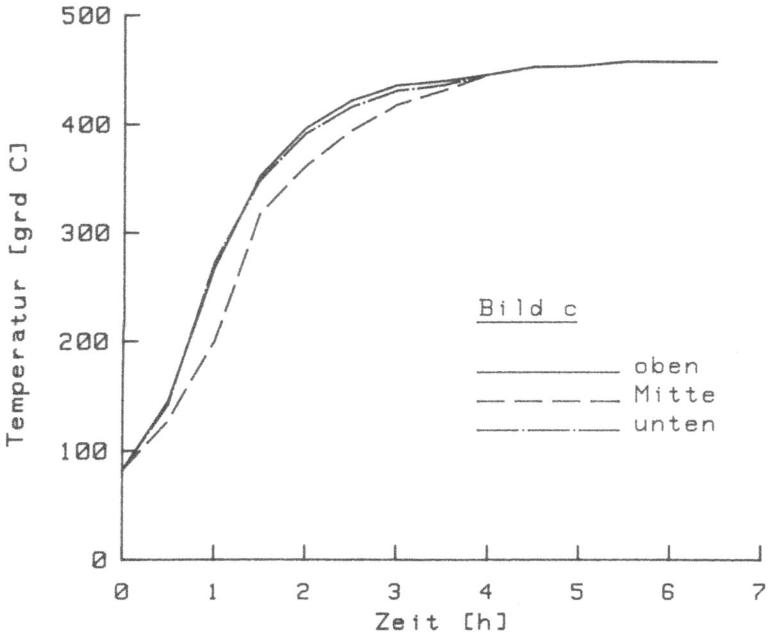

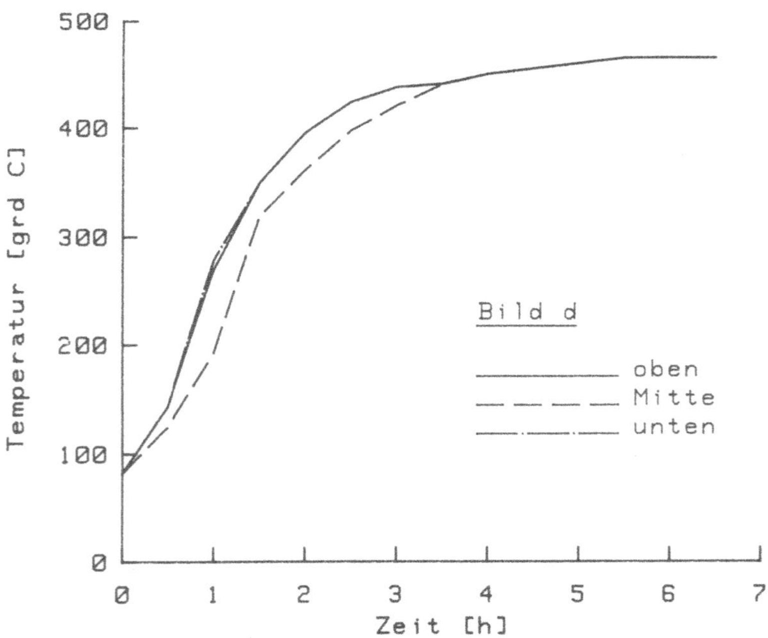

Bild 52 c und d   6. Betriebsmessung

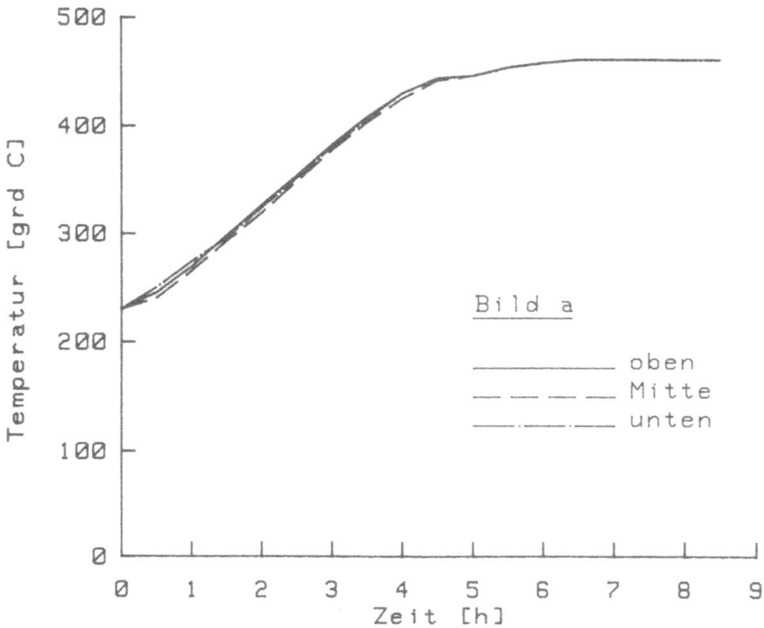

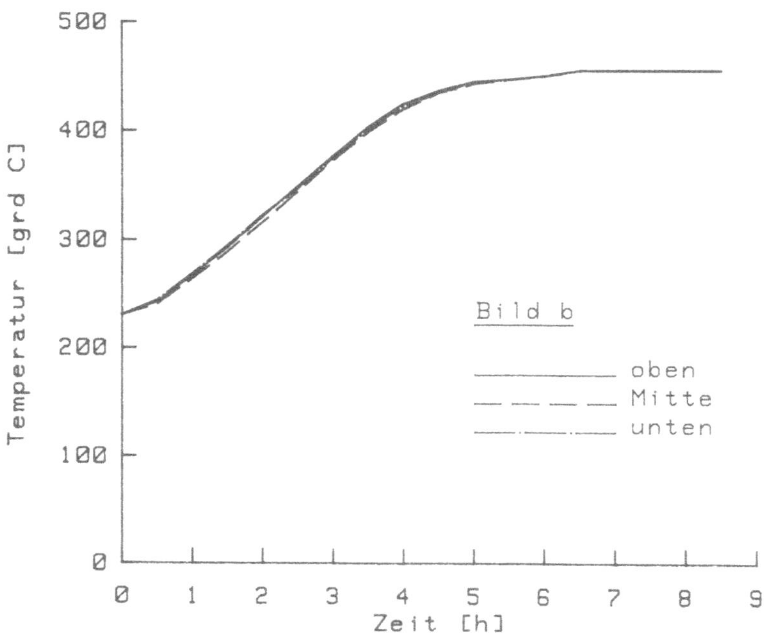

Bild 53 a und b   7. Betriebsmessung

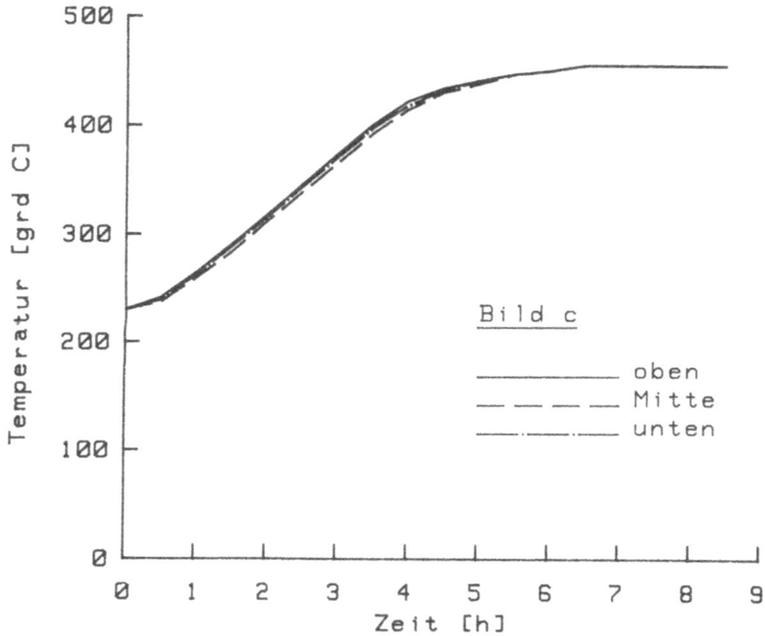

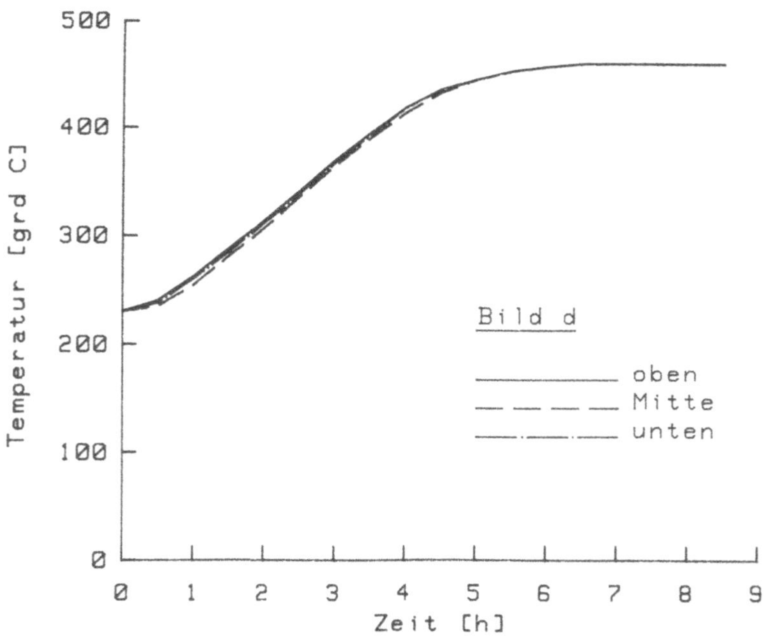

Bild 53 c und d   7. Betriebsmessung

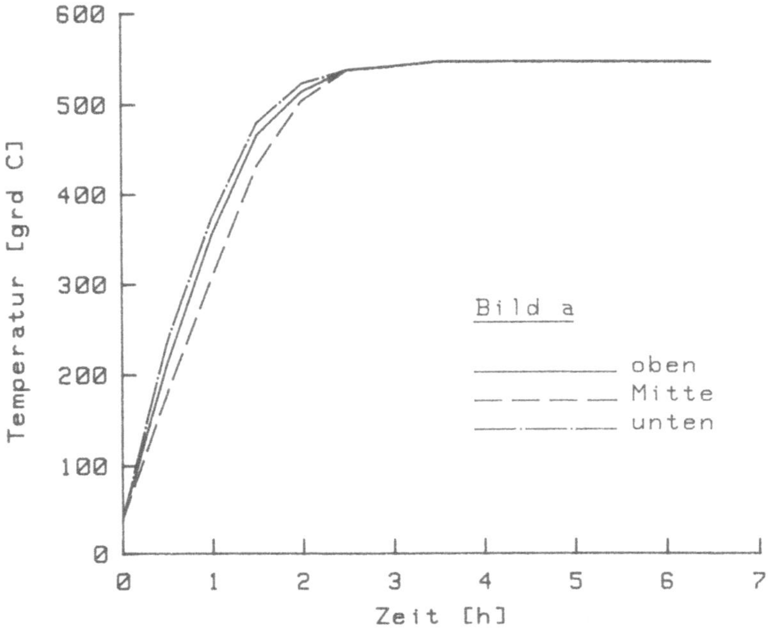

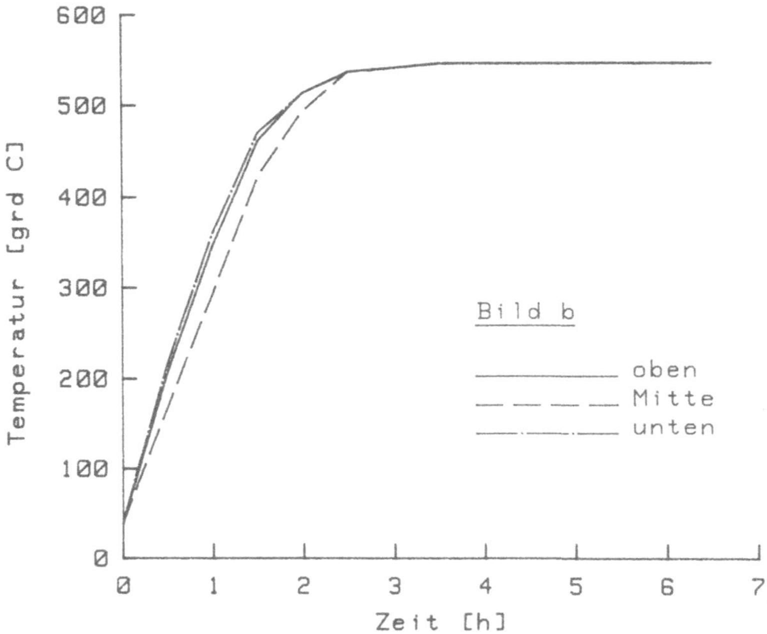

<u>Bild 54 a und b</u> 8. Betriebsmessung

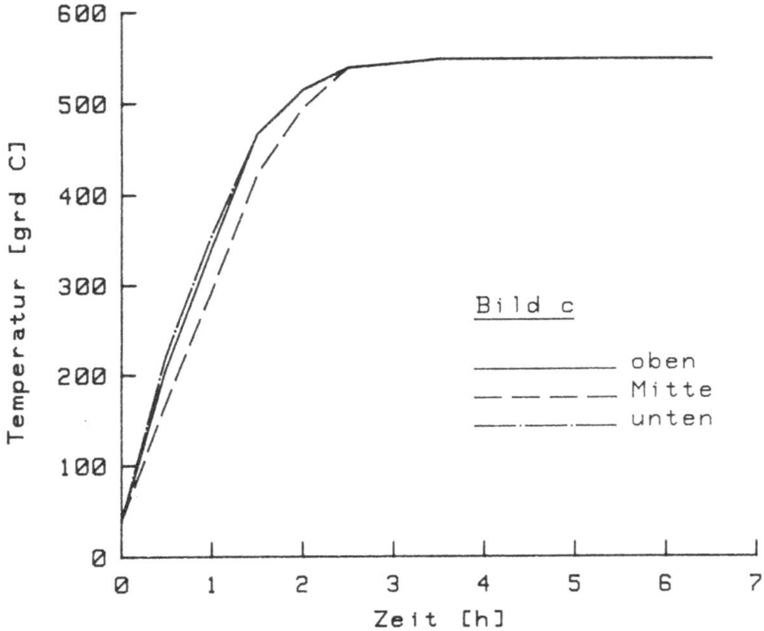

Bild 54 c 8. Betriebsmessung

Bild 55

Kabelführung aus dem Ofen heraus (Betriebsmessungen Nr. 2 und 4)

Bild 56

Lage der Stapel im Ofen bei entfernter Haube (Betriebsmessungen Nr. 6 und 8)

Bild 57

Lage der Stapel im Ofen bei entfernter Haube (Betriebsmessungen Nr. 6 und 8)

GPSR Compliance

The European Union's (EU) General Product Safety Regulation (GPSR) is a set of rules that requires consumer products to be safe and our obligations to ensure this.

If you have any concerns about our products, you can contact us on ProductSafety@springernature.com

In case Publisher is established outside the EU, the EU authorized representative is:

Springer Nature Customer Service Center GmbH
Europaplatz 3
69115 Heidelberg, Germany

Batch number: 10584556

Printed by Printforce, the Netherlands